Vittorio Di Vito

IL CALCOLO DELLA VITA UTILE
DEI COMPONENTI ELETTRICI

Ingegneria Elettrica

Vittorio Di Vito
Il calcolo della vita utile dei componenti elettrici

ISBN: 978-1-4303-2535-2

© Copyright 2007 by Vittorio Di Vito

Per contattare l'autore: vittorio.di.vito@inwind.it

Editore: Lulu Inc., USA (www.lulu.com)

Dello stesso Autore:

Libri

Vittorio Di Vito, *Elementi di analisi ed ottimizzazione dei sistemi elettrici dissimmetrici*

Enrico Di Vito e Vittorio Di Vito, *La valutazione dell'inquinamento armonico e del relativo danno economico nei sistemi elettrici*

Vittorio Di Vito, *Esercitazioni di Misure Elettriche*

Monografie

Vittorio Di Vito, *Progetto dell'impianto elettrico in uno studio dentistico*

Vittorio Di Vito, *Regolazione della frequenza e della potenza di scambio in un sistema elettrico con interconnessioni di rete*

Vittorio Di Vito, *Progetto preliminare del sistema elettrico per una stazione di pompaggio*

Vittorio Di Vito, *Preliminary review on optimization methods*

Il calcolo della vita utile dei componenti elettrici

Vittorio Di Vito

Ricercatore, ha svolto significativa attività di ricerca nell'ambito dell'analisi ed ottimizzazione dei sistemi elettrici di potenza e nell'ambito dell'analisi di affidabilità dei componenti elettrici industriali.

Dopo la maturità classica, ha conseguito la laurea *cum laude* in Ingegneria Elettrica presso l'Università di Cassino, con specializzazione nell'indirizzo Energia. Successivamente ha conseguito il Dottorato di Ricerca in Ingegneria Elettrica e dell'Informazione presso il Dipartimento di Ingegneria Industriale della medesima Università.

La sua attività di ricerca nel campo dell'Ingegneria Elettrica spazia dai sistemi elettrici di potenza ai sistemi elettrici industriali ed ha portato al completamento di numerosi lavori scientifici, pubblicati su riviste a diffusione internazionale oppure presentati nell'ambito di congressi internazionali.

Alla ricerca ha affiancato anche l'attività di docente. E' stato, infatti, professore di Elettrotecnica, Elettromeccanica, Macchine Elettriche e Pratiche Elettriche e Misure presso la Scuola Nautica della Guardia di Finanza di Gaeta nonché è stato docente di Sistemi e Automazione presso l'Istituto Tecnico Industriale "E. Majorana" di Cassino.

Vittorio Di Vito è autore di quattro libri (*Elementi di analisi ed ottimizzazione dei sistemi elettrici dissimmetrici, Il calcolo della vita utile dei componenti elettrici, La valutazione dell'inquinamento armonico e del relativo danno economico nei sistemi elettrici e Esercitazioni di Misure Elettriche*) e quattro monografie (*Progetto dell'impianto elettrico in uno studio dentistico, Regolazione della frequenza e della potenza di scambio in un sistema elettrico con interconnessioni di rete, Progetto preliminare del sistema elettrico per una stazione di pompaggio, Preliminary review on optimization methods*).

PREMESSA

Il presente volume ha lo scopo di sviluppare ed illustrare in dettaglio una metodologia completa destinata alla valutazione della vita utile dei principali componenti di un sistema elettrico industriale (cavi, condensatori, trasformatori, motori asincroni), in presenza di inquinamento armonico.

Il libro, pertanto, si rivolge tanto agli ingegneri coinvolti nella progettazione, nell'analisi, nell'ottimizzazione o nella manutenzione di sistemi elettrici industriali quanto ai ricercatori operanti in tali ambiti e, più in generale, agli studenti di Ingegneria Elettrica.

La peculiarità del metodo di analisi qui presentato risiede nel fatto che la determinazione della durata di vita utile dei componenti non viene effettuata, come spesso accade in testi che trattano il medesimo argomento, sulla base della considerazione della sola sollecitazione termica cui i componenti sono sottoposti ma avviene in maniera completa, cioè considerando anche la sollecitazione di tipo elettrico, in presenza di inquinamento armonico.

Tale modello multi-stress, inoltre, viene sviluppato nel libro tanto in ambito deterministico quanto in ambito probabilistico, per tenere conto delle inevitabili incertezze che caratterizzano i fenomeni di inquinamento armonico presenti sulle reti elettriche.

Il volume, pertanto, costituisce un valido strumento per la comprensione e la successiva applicazione di una procedura moderna e ben definita finalizzata all'accurata valutazione della durata di vita dei principali componenti di un sistema elettrico industriale, nelle condizioni più generali possibili di sollecitazione.

Allo scopo di facilitarne la consultazione, il libro è diviso in tre parti: la prima parte si riferisce allo sviluppo dei modelli termici dei componenti elettrici esaminati, la seconda allo sviluppo del modello di vita multi-stress, tanto in ambito deterministico quanto in ambito probabilistico, e la terza all'applicazione della procedura proposta alla valutazione della vita utile di alcuni componenti elettrici industriali. Nell'appendice, infine, sono riportati i listati FORTRAN dei principali softwares impiegati per l'implementazione della metodologia di analisi descritta nel volume.

Malgrado la cura posta nella redazione del libro, l'Autore è ben consapevole della possibilità che esso contenga eventuali errori di stampa, pertanto sarà grato a quanti vorranno dargliene comunicazione al seguente indirizzo e-mail: _vittorio.di.vito@inwind.it_.

Cassino, Aprile 2007

Vittorio Di Vito

INDICE

Questa pagina è stata lasciata intenzionalmente bianca

INDICE DELLE FIGURE

carico non lineare

INDICE DELLE TABELLE

Questa pagina è stata lasciata intenzionalmente bianca

Ingegneria Elettrica

Vittorio Di Vito

Il calcolo della vita utile dei componenti elettrici

Appunti ed osservazioni

INTRODUZIONE

Nel presente volume viene sviluppato, formalizzato e descritto un metodo di calcolo per la valutazione del valore atteso della vita dei componenti di un sistema elettrico industriale in presenza di distorsione armonica.

Nella valutazione della durata di vita di un componente occorre considerare in maniera appropriata tanto i problemi legati alla sollecitazione termica quanto quelli legati alla sollecitazione elettrica cui il componente è sottoposto durante il suo esercizio.

Per ciò che concerne il comportamento termico dei principali componenti di un sistema elettrico (cavi, condensatori, motori ad induzione, trasformatori), nella parte I vengono sviluppati opportuni modelli che consentono di determinare la temperatura raggiunta dal punto più caldo del componente stesso portando in conto anche la presenza di condizioni di esercizio non sinusoidali.

Nella parte II, poi, vengono inizialmente esaminati i fenomeni di degrado termico ed elettrico dei materiali isolanti da un punto di vista fisico e successivamente viene illustrato il modello matematico che consente il calcolo della riduzione della durata di vita dei componenti in condizioni "multi-stress", cioè tenendo conto della presenza contemporanea della sollecitazione elettrica e di quella termica.

Tale modello è stato opportunamente formulato in modo da poter considerare anche condizioni di funzionamento non sinusoidali. Occorre, a tal proposito, sottolineare che i dati di ingresso necessari per la valutazione dell'inquinamento armonico e, quindi, dei suoi effetti sono caratterizzati dalla presenza di inevitabili incertezze e ciò è principalmente dovuto alle variazioni delle potenze, attive e reattive, richieste dai carichi lineari, alle modifiche via via subite dalla rete nelle sue configurazioni e, infine, ai cicli di funzionamento dei carichi non lineari stessi.

Per questo motivo, al fine di portare in conto la natura aleatoria dell'inquinamento armonico il modello di vita "multi-stress" è stato esteso al campo probabilistico.

Nella parte III, infine, la metodologia proposta è stata applicata per il calcolo del valore atteso della vita di alcuni componenti di una rete test a partire dalla conoscenza dei parametri caratteristici dei componenti stessi e delle modalità di esercizio della rete nel suo complesso.

Nell'appendice, infine, sono riportati i listati FORTRAN dei principali softwares impiegati per l'implementazione della metodologia di analisi descritta nel volume.

PARTE I

*MODELLI TERMICI DEI COMPONENTI DI UN SISTEMA ELETTRICO IN
PRESENZA DI DISTORSIONE ARMONICA*

Appunti ed osservazioni

1

SOMMARIO DELLA PARTE I

La presenza di distorsione armonica in un sistema elettrico rende necessario valutare in maniera appropriata le perdite che interessano i componenti inseriti nel sistema stesso. Ciò è dovuto al fatto che la valutazione delle sole perdite alla fondamentale comporterebbe inevitabilmente una sottostima delle perdite che realmente si hanno nei componenti stessi e, quindi, dello stress termico cui essi sono sottoposti.

L'obbiettivo della presente sezione del volume è quello di proporre dei modelli matematici che consentono di valutare, per i singoli componenti inseriti nel sistema elettrico, la massima temperatura di funzionamento anche in presenza di armoniche. Tali modelli sono stati sviluppati sulla base delle più recenti pubblicazioni scientifiche internazionali, che vengono riportate nella Bibliografia.

I componenti esaminati sono:

- cavi;

- condensatori;

- motori asincroni;

- trasformatori.

Per i cavi e i motori asincroni viene proposto un unico modello, per i condensatori ne vengono presentati due e, infine, per i trasformatori i modelli presentati sono quattro.

Appunti ed osservazioni

2

MODELLO TERMICO DEI CAVI

L'approccio seguito per la determinazione della temperatura alla quale si porta il cavo in condizioni di regime permanente non sinusoidale simmetrico è concettualmente il medesimo sia nel caso di cavi tripolari o, più in generale, con un numero di conduttori variabile da 1 a 3 che nel caso di cavi quadripolari. E' necessario, però, distinguere la trattazione del primo caso rispetto a quella del secondo, a causa della differente configurazione costruttiva dei due tipi di cavo ovvero, in particolare, a causa del fatto che il cavo quadripolare prevede la presenza del conduttore di neutro che nel caso dei cavi unipolari, bipolari oppure tripolari, invece, è assente.

I modelli elettrici equivalenti che schematizzano il comportamento termico di un cavo sono validi indipendentemente dalla sua condizione di esercizio e ciò in quanto tali modelli si basano sulla considerazione di una generica potenza termica dissipata nel cavo stesso, di qualunque origine essa sia.

Il modello elettrico termicamente equivalente ad un cavo contenente fino a tre conduttori è riportato nella figura I-1. Lo schema elettrico equivalente al comportamento termico di un cavo quadripolare, invece, è indicato nella figura I-2.

Nel caso dei cavi che non sono esposti all'irraggiamento solare ed ospitano fino a tre conduttori, la temperatura dei conduttori si esprime nella maniera seguente:

$$\theta = \theta_a + \left(\sum_{h=1}^{h_{max}} R_h \bullet I_h^2 + \frac{1}{2} W_d \right) \bullet T_1 +$$

$$+ \left(I_1^2 \bullet R_1 \bullet \lambda_1 + \sum_{h=1}^{h_{max}} R_h \bullet I_h^2 + W_d \right) \bullet n T_2 + \qquad (I.1)$$

$$+ \left[I_1^2 \bullet R_1 \bullet (\lambda_1 + \lambda_2) + \sum_{h=1}^{h_{max}} R_h \bullet I_h^2 + W_d \right] \bullet n(T_3 + T_4)$$

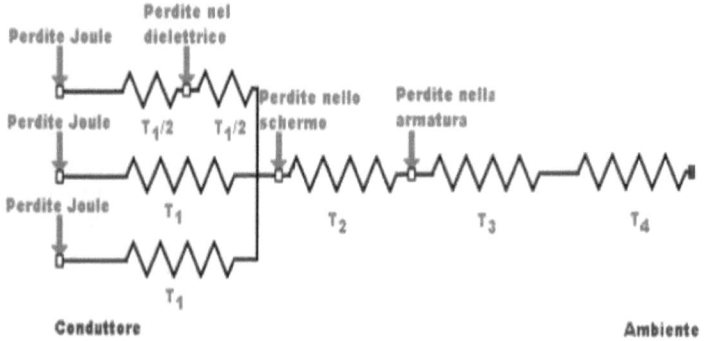

Figura I-1
Circuito elettrico termicamente equivalente ad un cavo tripolare

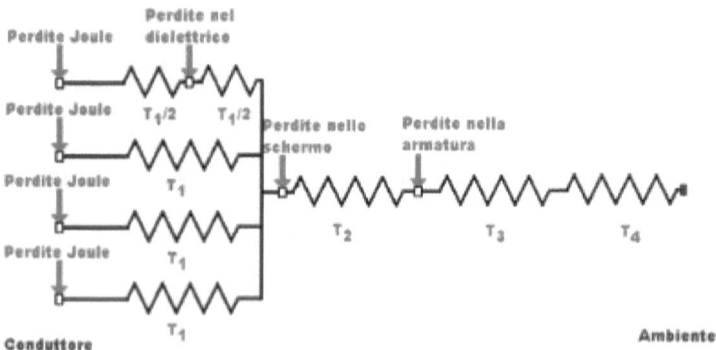

Figura I-2
Circuito elettrico termicamente equivalente ad un cavo quadripolare

Nel caso dei cavi quadripolari, invece, è necessario tenere conto del fatto che c'è il conduttore di neutro ed esso è attraversato, nel caso in cui il carico alimentato sia equilibrato, dalle armoniche di sequenza omopolare. Queste ultime, infatti, fluiscono nei conduttori di fase e si richiudono attraverso il conduttore di neutro, provocando in esso delle perdite che è necessario portare in conto.

E' stato determinato analiticamente e verificato sperimentalmente che lo spettro della corrente fluente nel conduttore di neutro nel caso di carico equilibrato e tensione di alimentazione simmetrica è costituito dalla terza armonica e dalle armoniche di ordine multiplo di tre.

La formula che esprime la temperatura dei conduttori di un cavo quadripolare non esposto alla radiazione solare, in regime di funzionamento non sinusoidale ma comunque simmetrico, è la seguente:

$$\theta = \theta_a + \left(\sum_{h=1}^{h_{max}} R_h \bullet I_h^{\,2} + \frac{1}{2} W_d \right) \bullet T_1 +$$

$$+ \left(I_1^{\,2} \bullet R_1 \bullet \lambda_1 + \sum_{h=1}^{h_{max}} R_h \bullet I_h^{\,2} + 3 \sum_{h=3}^{h_{max}} R_{n,h} \bullet I_h^{\,2} + W_d \right) \bullet 3T_2 + \qquad (1.2)$$

$$+ \left[I_1^{\,2} \bullet R_1 \bullet (\lambda_1 + \lambda_2) + \sum_{h=1}^{h_{max}} R_h \bullet I_h^{\,2} + 3 \sum_{h=3}^{h_{max}} R_{n,h} \bullet I_h^{\,2} + W_d \right] \bullet 3 \cdot (T_3 + T_4)$$

Nelle due formule precedenti W_d indica le perdite nel dielettrico valutate per ciascun ordine di armonica. Esse dipendono dalla capacità, che è variabile con la frequenza e nel nostro modello vengono trascurate, in quanto nel caso dei cavi in bassa tensione sono sempre molto piccole e tale situazione si verifica frequentemente anche nel caso dei cavi in media tensione. In tal modo, ponendo $W_d=0$, le formule precedenti si riscrivono come:

$$\theta = \theta_a + \left(\sum_{h=1}^{h_{max}} R_h \bullet I_h^{\,2} \right) \bullet T_1 +$$

$$+ \left(I_1^{\,2} \bullet R_1 \bullet \lambda_1 + \sum_{h=1}^{h_{max}} R_h \bullet I_h^{\,2} \right) \bullet nT_2 + \qquad (1.3)$$

$$+ \left[I_1^{\,2} \bullet R_1 \bullet (\lambda_1 + \lambda_2) + \sum_{h=1}^{h_{max}} R_h \bullet I_h^{\,2} \right] \bullet n(T_3 + T_4)$$

per i cavi contenenti fino a tre conduttori e

$$\theta = \theta_a + \left(\sum_{h=1}^{h_{max}} R_h \bullet I_h^{\ 2} \right) \bullet T_1 +$$

$$+ \left(I_1^{\ 2} \bullet R_1 \bullet \lambda_1 + \sum_{h=1}^{h_{max}} R_h \bullet I_h^{\ 2} + 3 \sum_{h'=3}^{h'_{max}} R_{n,h'} \bullet I_{h'}^{\ 2} \right) \bullet 3T_2 +$$

$$+ \left[I_1^{\ 2} \bullet R_1 \bullet (\lambda_1 + \lambda_2) + \sum_{h=1}^{h_{max}} R_h \bullet I_h^{\ 2} + 3 \sum_{h'=3}^{h'_{max}} R_{n,h'} \bullet I_{h'}^{\ 2} \right] \bullet 3(T_3 + T_4)$$

(I.4)

per i cavi quadripolari.

Nelle suddette formule i simboli hanno il seguente significato:

- θ=temperatura raggiunta dal conduttore [°C];

- θ_a=temperatura ambiente [°C];

- R_h=resistenza del conduttore per unità di lunghezza valutata con riferimento all'h-esima armonica (cioè valutata alla frequenza $f_h = h \bullet f_1$) [Ω/m];

- I_h=valore efficace dell'armonica di corrente di ordine h [A];

- $I_{h'}$=valore efficace dell'armonica di corrente di sequenza omopolare di ordine h' [A];

- $R_{n,h'}$=resistenza del conduttore di neutro per unità di lunghezza valutata in corrispondenza dell'armonica di ordine h' (cioè in corrispondenza della frequenza $f_{h'} = h' \bullet f_1$) [Ω/m];

- T_1=resistenza termica per unità di lunghezza tra conduttore e guaina [°Cm/W];

- T_2=resistenza termica per unità di lunghezza tra guaina ed armatura [°Cm/W];

- T_3=resistenza termica per unità di lunghezza del rivestimento esterno del cavo [°Cm/W];

- T_4=resistenza termica per unità di lunghezza tra la superficie del cavo e l'ambiente [°Cm/W];

- n=1,2,3 rispettivamente per i cavi unipolari, bipolari, tripolari;

- λ_1=rapporto tra le perdite nella guaina metallica e le perdite totali in tutti i conduttori;

- λ_2=rapporto tra le perdite nell'armatura e le perdite totali in tutti i conduttori;

- h=ordine di armonica;

- h_{max}=massimo ordine di armonica considerato.

Nelle (I.3) e (1.4) occorre determinare le espressioni della resistenza del conduttore per unità di lunghezza in funzione della frequenza, di λ_1, di λ_2 e delle resistenze termiche T_1, T_2, T_3 e T_4.

Per quanto riguarda la resistenza per unità di lunghezza del conduttore, valutata alla frequenza di h-esima armonica, essa è espressa dalla relazione seguente:

$$R_h = R' \bullet \left(1 + y_{1,h} + y_{2,h}\right) \qquad (1.5)$$

dove:

- R'=resistenza in corrente continua per unità di lunghezza del conduttore valutata alla massima temperatura di servizio (che indichiamo con θ_S) [Ω/m];

- $y_{1,h}$=incremento del valore della resistenza per "effetto pelle";

- $y_{2,h}$=incremento del valore della resistenza per "effetto prossimità".

Le grandezze che compaiono al secondo membro dell'equazione precedente devono essere valutate come segue:

$$R' = R_0 \bullet \left[1 + \alpha_{20°C} \bullet \left(\vartheta_S - 20\right)\right] \qquad (1.6)$$

$$y_{1,h} = F_h(x) \qquad (1.7)$$

$$y_{2,h} = F_h(x) \bullet \left(\frac{d_c}{s}\right)^2 \bullet \left[0{,}312\left(\frac{d_c}{s}\right)^2 + \left(\frac{1{,}18}{F_h(x) + 0{,}27}\right)\right] \qquad (1.8)$$

$$x = \sqrt{\frac{8\pi \bullet f_h \bullet 10^{-7}}{R'}} \qquad (1.9)$$

$$F_h(x) = \frac{x^4}{192 + 0,8x^4}, x \le 2,8$$

$$F_h(x) = \frac{0,933x^4 \bullet \exp(0,041x)}{192 + 0,8x^4}, x \in (2,8;5,5]$$

(I.10)

Nelle formule (I.6)÷(I.10), ricavate trascurando le perdite Joule alle armoniche nello schermo e nell'armatura, il significato dei simboli è il seguente:

- R_0=resistenza in corrente continua per unità di lunghezza del conduttore valutata alla temperatura di 20°C [Ω/m];

- $\alpha_{20°C}$=coefficiente di variazione della resistività con la temperatura valutato alla temperatura di 20°C [°C-1];

- θ_S=massima temperatura di servizio [°C];

- d_c=diametro del conduttore [mm];

- s=distanza tra gli assi dei conduttori [mm];

- f_h=frequenza corrispondente all'armonica di ordine h [Hz].

Per quanto riguarda la formula (I.5), che consente il calcolo della resistenza del conduttore alle armoniche superiori, è già stato detto che in essa i coefficienti $y_{1,h}$ e $y_{2,h}$ portano in conto rispettivamente l'incremento di resistenza per "effetto pelle" e per "effetto prossimità".

L'"effetto pelle" è un fenomeno che si manifesta esclusivamente nel caso in cui il conduttore in questione sia percorso da corrente alternata. Esso consiste nel fatto che, in seguito a fenomeni di induzione elettromagnetica che si verificano all'interno della sezione trasversale del conduttore, la corrente tende a fluire in prossimità della superficie esterna del conduttore stesso piuttosto che a distribuirsi uniformemente in tutta la sezione (come avverrebbe, invece, nel caso di corrente continua), determinando in tal modo un incremento del valore della resistenza rispetto a quello che si avrebbe in continua.

Per ciò che concerne l' "effetto prossimità", esso è costituito da una variazione della distribuzione della densità di corrente nella sezione trasversale di un conduttore in alternata, quindi già soggetto all' "effetto pelle". Tale variazione si verifica nel caso in cui il conduttore in questione si trovi nelle vicinanze di uno o più conduttori attraversati da corrente di frequenza identica a quella che fluisce nel conduttore stesso. E' evidente, allora, che quando esso si trova da solo, cioè senza altri conduttori nelle sue vicinanze, è interessato da una distribuzione di densità di corrente nella sezione determinata dal solo "effetto pelle".

Il calcolo dei coefficienti λ_1 e λ_2 presenta una notevole complessità. Tali coefficienti, infatti, dipendono dal tipo di cavo e, nel caso di più cavi unipolari posati insieme, dalla disposizione mutua tra i cavi. Per una trattazione completa di questo problema ci si può riferire alle indicazioni fornite dalla Norma I.E.C. 287. E' fondamentale notare, però, che il valore assunto da tali coefficienti è di solito piccolo, al punto che per i cavi in bassa tensione si pone solitamente $\lambda_1=\lambda_2=0$. Nel caso dei cavi in media ed in alta tensione, poi, tali coefficienti non sono esattamente nulli ma, dato che il loro valore è comunque piuttosto esiguo, si ritiene di poterli trascurare.

Ponendo $\lambda_1=\lambda_2=0$, allora, la (I.3) e la (I.4) diventano rispettivamente:

$$\theta = \theta_a + \left(\sum_{h=1}^{h_{max}} R_h \bullet I_h^{\,2} \right) \bullet T_1 +$$

$$+ \left(\sum_{h=1}^{h_{max}} R_h \bullet I_h^{\,2} \right) \bullet nT_2 + \qquad \qquad (I.11)$$

$$+ \left[\sum_{h=1}^{h_{max}} R_h \bullet I_h^{\,2} \right] \bullet n(T_3 + T_4)$$

$$\theta = \theta_a + \left(\sum_{h=1}^{h_{max}} R_h \bullet I_h^{\,2} \right) \bullet T_1 +$$

$$+ \left(\sum_{h=1}^{h_{max}} R_h \bullet I_h^{\,2} + 3 \sum_{h=3}^{h'_{max}} R_{n,h'} \bullet I_{h'}^{\,2} \right) \bullet 3T_2 + \qquad (I.12)$$

$$+ \left[\sum_{h=1}^{h_{max}} R_h \bullet I_h^{\,2} + 3 \sum_{h=3}^{h'_{max}} R_{n,h'} \bullet I_{h'}^{\,2} \right] \bullet 3 \cdot (T_3 + T_4)$$

Si consideri ora la valutazione delle resistenze termiche delle varie parti che costituiscono il cavo. Esse sono funzione delle caratteristiche costruttive del cavo e delle proprietà fisiche dei materiali isolanti e dei rivestimenti esterni, quindi sono indipendenti dalla presenza o meno delle armoniche di corrente, presentando così il medesimo valore sia nel caso di regime simmetrico sinusoidale che nel caso di regime simmetrico non sinusoidale.

La resistenza termica, T_1, tra conduttore e guaina si calcola nella maniera seguente:

$$T_1 = \frac{\rho_t}{2\pi} \bullet \ln\left(1 + \frac{2t_1}{d_c}\right) \qquad (1.13)$$

per i cavi unipolari e

$$T_1 = \frac{\rho_t}{2\pi} \bullet G \qquad (1.14)$$

per i cavi tripolari, dove è:

- ρ_t=resistività termica del terreno [°Cm/W];
- t_1=spessore dell'isolante tra conduttore e guaina [mm];
- d_c=diametro del conduttore [mm];
- G=fattore geometrico.

Per quanto riguarda la resistenza termica, T_2, tra guaina metallica ed armatura, per i cavi unipolari, bipolari e tripolari vale la formula seguente:

$$T_2 = \frac{\rho_t}{2\pi} \bullet \ln\left(1 + \frac{2t_2}{D_s}\right) \qquad (1.15)$$

dove è:

- t_2=spessore dell'imbottitura [mm];
- D_s=diametro esterno della guaina [mm].

La resistenza termica, T_3, del rivestimento esterno del cavo è data dalla formula seguente:

$$T_3 = \frac{\rho_G}{2\pi} \bullet \ln\left(1 + \frac{2t_3}{D_a'}\right) \qquad (1.16)$$

con:

- ρ_G=resistività termica della guaina [°Cm/W];
- t_3=spessore del rivestimento esterno [mm];

- D_a'=diametro esterno dell'armatura [mm].

A proposito delle resistenze termiche fin qui esaminate, è da notare che nei cavi in media tensione la resistenza termica del dielettrico è sicuramente più grande rispetto a quella dei cavi di bassa tensione; ciò è dovuto al fatto che essa è una funzione crescente dello spessore dell'isolante.

Per quanto riguarda la resistenza termica del rivestimento di superficie, invece, si ha che di solito essa è piuttosto piccola rispetto a quella dell'ambiente esterno ma tale osservazione non è più valida per i cavi di sezione esigua, in quanto in tal caso la resistenza termica della protezione esterna diviene sicuramente non trascurabile rispetto a quella del mezzo ambiente.

Resta da esaminare la resistenza termica T_4, cioè la resistenza termica tra il cavo e l'ambiente esterno. E' opportuno a tal proposito sottolineare il fatto che il modello in oggetto esclude dalla propria considerazione il caso dei cavi esposti direttamente all'irraggiamento solare, pertanto il mezzo ambiente può anche essere l'aria ma a patto che si tratti di un cavo posato in aria libera ma non esposto direttamente alle radiazioni solari.

La resistenza termica del mezzo, T_4, per qualunque tipo di cavo posato in aria libera e protetto dai raggi solari si calcola nella maniera seguente:

$$T_4 = \frac{1}{\pi \bullet D_e^* \bullet \tau \bullet \left(\Delta\vartheta_s\right)^{1/4}} \qquad (I.17)$$

dove è:

- D_e^*=diametro esterno del cavo [m];

- τ=coefficiente di dissipazione del calore;

- $\Delta\theta_s$=sovratemperatura della superficie del cavo rispetto all'ambiente esterno [°C].

La sovratemperatura $\Delta\theta_s$ può essere stimata per mezzo dell'applicazione di un opportuno procedimento iterativo riportato nel capitolo 6, mentre il coefficiente di dissipazione del calore, τ, viene così calcolato:

$$\tau = \frac{Z}{\left(D_e^*\right)^g} + E \qquad (I.18)$$

dove Z, E, g sono delle costanti i cui valori sono tabellati.

Nel caso in cui il cavo sia interrato, la formula per il calcolo della resistenza termica T_4 è quella seguente:

$$T_4 = \frac{1}{2\pi} \bullet \rho_t \bullet \ln\left(u + \sqrt{u^2 - 1}\right) \qquad (I.19)$$

con:

$$u = \frac{2L}{D_e^*} \qquad (I.20)$$

in cui L indica la distanza dell'asse del cavo dalla superficie del terreno ed è espressa in millimetri, così come D_e^*.

Occorre tenere presente che tale formula è valida esclusivamente nel caso in cui il cavo in oggetto sia interrato da solo, cioè non ci siano altri cavi posti nelle sue immediate vicinanze. Nel caso dei cavi unipolari interrati a gruppi, l'espressione precedente non è più valida ma è necessario ricavarne una nuova che tenga presente il fatto che si hanno più cavi tra loro prossimi e ciascuno di essi è una sorgente di calore; tale caso, comunque, non è qui considerato.

Il modello proposto è relativo al caso in cui il sistema elettrico si trova a funzionare in regime non sinusoidale ma comunque simmetrico, quindi il caso di regime non sinusoidale e non simmetrico viene escluso dalla nostra considerazione. In quest'ultima situazione, peraltro, nel conduttore di neutro verrebbero a fluire non più soltanto le armoniche di sequenza omopolare, vale a dire la terza armonica e le sue multiple, ma potrebbero essere presenti armoniche di ordine qualunque, inclusa la fondamentale.

Il fatto che il modello in oggetto non consideri la somministrazione diretta di energia termica al cavo da parte dell'irraggiamento solare, poi, indirizza l'applicazione del modello stesso al caso di cavi interrati, di cavi per attraversamenti marini e di cavi posati in aria libera ma non esposti direttamente alla radiazione solare.

Da quanto detto nel corso dell'esposizione del modello, è chiaro che le relazioni fondamentali (I.11) e (I.12) considerano come fonti di sviluppo di energia termica le perdite per effetto Joule, alla fondamentale ed alle armoniche superiori, nei conduttori e le perdite per effetto Joule, alla sola fondamentale, nella guaina metallica e nell'armatura.

Le suddette formule, pertanto, trascurano del tutto le perdite nei dielettrici che avvolgono i conduttori di fase e le perdite nell'isolante posto attorno al conduttore di neutro e trascurano pure le perdite per effetto Joule, relativamente alle sole armoniche superiori, nella guaina metallica e nell'armatura.

Appunti ed osservazioni

3

MODELLI TERMICI DEI CONDENSATORI

Per la descrizione del comportamento termico dei condensatori vengono proposti due modelli.

3.1 MODELLO DI CAVALLINI ET ALII

Si ipotizza di poter trascurare il transitorio termico del dielettrico e si suppone di avere a che fare con un condensatore ad elettrodi piani e tra loro paralleli, di forma circolare ed omogeneo, come indicato nella figura I-3.

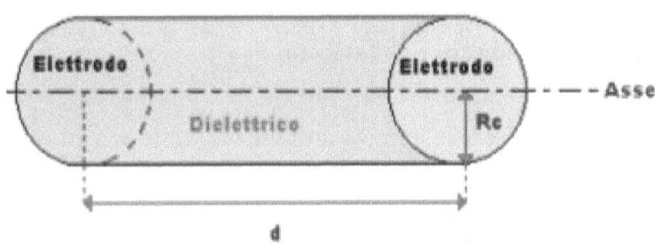

Figura I-3
Schema di condensatore cilindrico

In pratica, allora, si considera un oggetto cilindrico omogeneo e, di conseguenza, si può dire che per simmetria il punto più caldo dell'isolante si trova sull'asse del cilindro, che è perciò la zona più sollecitata dal punto di vista termico. Ciò presuppone naturalmente che il campo elettrico abbia distribuzione uniforme nel dielettrico.

Con riferimento alla condizione di equilibrio termico raggiunto, supponendo che la densità di potenza dissipata nel dielettrico sia uniforme nel volume dello stesso, la relazione che esprime direttamente la temperatura del punto più caldo dell'isolante in funzione delle armoniche di tensione ai morsetti del condensatore è la seguente:

$$T_{h.s.} = T_e + 2\pi f \bullet \varepsilon \bullet tg\delta \bullet \rho_{th.} \bullet \frac{R_c^2}{4} \bullet \frac{1}{d^2} \bullet \sum_{h=1}^{h_{max}} hV_h^2 \qquad (I.21)$$

dove:

- $T_{h.s.}$=temperatura del punto più caldo del dielettrico del condensatore [°C];

- T_e=temperatura esterna, cioè temperatura della superficie esterna del condensatore [°C];

- f=frequenza fondamentale [Hz], quindi per le reti europee è f=50 Hz mentre per quelle statunitensi è f=60 Hz;

- ε=permittività del dielettrico in oggetto [F/m];

- tgδ=fattore di perdita del dielettrico;

- $\rho_{th.}$=resistività termica del dielettrico [°Cm/W];

- R_c=raggio esterno del condensatore cilindrico [m];

- d=spessore del dielettrico [m];

- h=ordine di armonica;

- V_h=valore efficace dell'armonica di tensione di ordine h agli elettrodi del condensatore [V];

- h_{max}=massimo ordine di armonica considerato.

Il fatto di supporre che la densità di potenza dissipata nel dielettrico sia costante nel volume del condensatore cilindrico è in realtà una conseguenza diretta del fatto di aver ipotizzato che l'isolante sia omogeneo e che il campo elettrico nel cilindro sia uniforme.

Inoltre, si è ipotizzata trascurabile la variazione del fattore di perdita del dielettrico con la frequenza, perciò nella formula (I.21) viene considerato il tgδ riferito all'armonica fondamentale.

3.2 MODELLO DI EMANUEL

Si consideri inizialmente il calcolo delle perdite nel materiale dielettrico di un generico condensatore di capacità C, tenendo conto sia delle perdite dielettriche dovute all'armonica fondamentale che di quelle dovute alle armoniche superiori. Le perdite totali nel condensatore sono date da:

$$P_{tot.} = P^{h=1} + P^{h \geq 2}$$

(I.22)

dove $P_{tot.}$ sono le perdite totali nel dielettrico, $P^{h=1}$ sono le perdite dovute alla sola fondamentale e $P^{h \geq 2}$ è il totale delle perdite dovute alle armoniche di ordine superiore al primo.

E' noto che un condensatore ideale eroga potenza reattiva e non assorbe potenza attiva, in quanto la tensione ai suoi capi è in perfetta quadratura con la corrente che lo attraversa. Nella realtà, però, il dielettrico contenuto nel condensatore non è un perfetto isolante, quindi è attraversato da una debole corrente attiva e ciò si traduce nel fatto che in un condensatore reale la corrente non è in perfetta quadratura con la tensione.

La situazione reale, infatti, è quella rappresentata, in termini fasoriali, nella figura I-4.

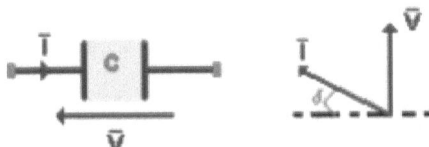

Figura I-4
Rappresentazione fasoriale dell'angolo di perdita

Il complemento a 90° dell'angolo di anticipo della corrente sulla tensione si dice "angolo di perdita" (δ) ed il valore della tangente trigonometrica di tale angolo si dice "fattore di perdita" ($tg\delta$).

La potenza attiva persa nel condensatore con riferimento alla frequenza fondamentale vale:

$$P^{h=1} = \omega \bullet C \bullet V_1^2 \bullet tg\delta_1 = 2\pi f \bullet C \bullet V_1^2 \bullet tg\delta_1$$

(I.23)

dove f=50 Hz e $tg\delta_1$ è il fattore di perdita riferito alla fondamentale.

Questo ragionamento si può estendere in modo del tutto analogo a qualunque frequenza armonica, quindi la potenza attiva dissipata nel dielettrico alla generica armonica h vale:

$$P^h = 2\pi \bullet (hf) \bullet C \bullet V_h^2 \bullet tg\delta_h \qquad (I.24)$$

Sommando i contributi di perdita a ciascuna frequenza si ottiene che le perdite totali nel dielettrico sono pari a:

$$P_{tot} = P^1 + P^{h\geq2} = 2\pi f \bullet C \bullet V_1^2 \bullet tg\delta_1 +$$
$$+ \sum_{h=2}^{h_{max}} 2\pi \bullet hf \bullet C \bullet V_h^2 \bullet tg\delta_h \qquad (I.25)$$

Questa relazione si può riscrivere usando un'unica sommatoria:

$$P_{tot} = \sum_{h=1}^{h_{max}} 2\pi \bullet hf \bullet C \bullet V_h^2 \bullet tg\delta_h = 2\pi f \bullet C \bullet \sum_{h=1}^{h_{max}} h \bullet V_h^2 \bullet tg\delta_h \qquad (I.26)$$

E' usuale accettare l'approssimazione di ritenere che gli angoli di perdita siano tutti uguali tra loro e pari all'angolo di perdita alla frequenza fondamentale (50 Hz):

$$\delta_1 \cong \delta_2 \cong ... \cong \delta_h \equiv \delta$$

e, pertanto, la formula (I.26) si riscrive come:

$$P_{tot} = 2\pi f \bullet C \bullet tg\delta \bullet \sum_{h=1}^{h_{max}} h \bullet V_h^2 \qquad (I.27)$$

dove:

- V_h=valore efficace dell'h-esima armonica di tensione che insiste ai morsetti del condensatore [V].

- h_{max}=massimo ordine di armonica considerato.

Per determinare la temperatura del punto più caldo del dielettrico del condensatore ci si riferisce al circuito elettrico termicamente equivalente riportato nella figura seguente.

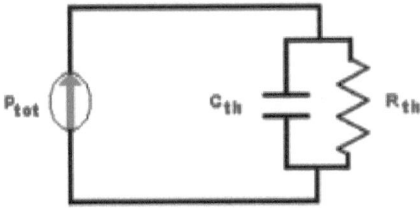

Figura I-5
Circuito elettrico equivalente per il calcolo della temperatura del punto caldo in un condensatore

La temperatura del punto più caldo del dielettrico (Th.s.) si esprime allora nella maniera seguente:

$$T_{h.s.} = R_{th.} \bullet P_{tot} \bullet \left[1 - \exp(-t/\tau)\right] + T_1 \bullet \exp(-t/\tau) \qquad (I.28)$$

con:

$$T_1 = P_{sin.} \bullet R_{th} \qquad (I.29)$$

$$\tau = R_{th} \bullet C_{th} \qquad (I.30)$$

Con riferimento alla condizione di regime termico raggiunto, cioè per t→∞, la (I.28) diventa:

$$T_{h.s.} = P_{tot} \bullet R_{th} \qquad (I.31)$$

Nelle formule (I.28)÷(I.31) il significato da attribuire ai simboli è il seguente:

- $T_{h.s.}$=temperatura del punto più caldo del dielettrico del condensatore in condizioni di esercizio non sinusoidali [°C];

- T_1=temperatura del punto caldo del dielettrico in condizioni di esercizio sinusoidali [°C];

- R_{th}=resistenza termica del materiale isolante;

- C_{th}=capacità termica dell'isolante;

- τ=costante di tempo termica del circuito equivalente [s];

- $P_{sin.}$=perdite nel dielettrico in condizioni sinusoidali [W].

In condizioni di regime termico, utilizzando la (I.29) e la (I.31), si può scrivere che l'aumento della temperatura del punto caldo in condizioni non sinusoidali espresso in p.u. della temperatura del punto caldo in condizioni di esercizio sinusoidali è dato da:

$$\frac{\Delta T}{T_1} = \frac{T_{h.s.} - T_1}{T_1} = \frac{R_{th} \bullet P_{tot} - R_{th} \bullet P_{sin.}}{R_{th} \bullet P_{sin.}} = \frac{P_{tot} - P_{sin.}}{P_{sin.}} \qquad (1.32)$$

Questo modello non si riferisce ad una particolare configurazione costruttiva del condensatore ma è di validità del tutto generale, in quanto nelle formule compare direttamente il valore della capacità (C).

Tale valore dovrà essere noto, oppure, dovrà essere calcolato in funzione della caratteristiche geometriche ed elettriche del condensatore stesso.

4

MODELLO TERMICO DEI MOTORI ASINCRONI

Si inizia lo sviluppo del modello dalla considerazione delle perdite per effetto Joule e, in un secondo momento, si aggiungeranno a queste le perdite nel nucleo, al fine di ottenere le perdite totali nella macchina alla fondamentale ed alle armoniche.

Con riferimento alla frequenza fondamentale, le perdite per effetto Joule che si sviluppano complessivamente nelle tre fasi della macchina sono date da:

$$P_{\sin.}^{Joule} = 3R_{eq1} \bullet \left(\frac{V_1}{Z_{eq1}}\right)^2 \tag{I.33}$$

Per la generica h-esima frequenza armonica, le perdite per effetto Joule che si verificano complessivamente negli avvolgimenti sono date da:

$$P_h^{Joule} = 3R_{eqh} \bullet \left(\frac{V_h}{Z_{eqh}}\right)^2 \tag{I.34}$$

Applicando il principio di sovrapposizione degli effetti, è possibile perciò scrivere che la potenza Joule dissipata complessivamente, alla fondamentale ed alle armoniche superiori, nei tre avvolgimenti di macchina è data da:

$$P_{tot}^{Joule} = P_{\sin.}^{Joule} + \sum_{h=2}^{h_{max}} P_h^{Joule} = 3R_{eq1} \bullet \left(\frac{V_1}{Z_{eq1}}\right)^2 + \sum_{h=2}^{h_{max}} 3R_{eqh} \bullet \left(\frac{V_h}{Z_{eqh}}\right)^2 \tag{I.35}$$

dove:

- R_{eq1}=resistenza equivalente di macchina per fase riferita alla frequenza fondamentale [Ω];

- V_1=valore efficace della fondamentale della tensione stellata di alimentazione [V];

- Z_{eq1}=modulo dell'impedenza equivalente di macchina per fase riferita alla frequenza fondamentale [Ω];

- h=ordine di armonica;

- h_{max}=massimo ordine di armonica considerato;

- R_{eqh}=resistenza equivalente di macchina per fase riferita all'h-esima armonica [Ω];

- V_h=valore efficace dell'h-esima armonica della tensione stellata di alimentazione [V];

- Z_{eqh}=modulo dell'impedenza di macchina per fase con riferimento all'h-esima armonica [Ω].

I valori di R_{eq1} e di Z_{eq1} si ricavano dai dati di targa del motore asincrono mentre per la valutazione di R_{eqh} e di Z_{eqh} è necessario fare uso delle formule riportate qui di seguito:

$$Z_{eqh} = \sqrt{R_{eqh}^2 + X_{eqh}^2} \qquad (I.36)$$

$$X_{eqh} = hX_{eq,s} + X_{br} \bullet \frac{3}{Z_2}(z_1\xi_1)^2 \qquad (I.37)$$

$$R_{eqh} = R_{eq,s} + \left\{\left[R_{br} + \left(\frac{Z_2}{p}\right)^2 \bullet \frac{1}{2\pi^2} \bullet R_a\right] \bullet \frac{3}{Z_2} \bullet (z_1\xi_1)^2\right\} \qquad (I.38)$$

Nelle (I.36)÷(I.38) i simboli devono essere interpretati come segue:

- R_{eqh}=resistenza equivalente di macchina riportata allo statore valutata con riferimento all'armonica h-esima [Ω];

- $R_{eq,s}$=resistenza di statore alla fondamentale [Ω];

- R_{br}=resistenza di barra rotorica [Ω];

- R_a=resistenza dell'anello rotorico [Ω];

- p=numero di coppie polari;

- Z_2=numero di cave rotoriche;

- z_1=numero di conduttori per cava di statore;

- ξ_1=fattore di avvolgimento statorico;

- X_{eqh}=reattanza equivalente di macchina riportata allo statore riferita all'armonica di ordine h [Ω];

- $X_{eq,s}$=reattanza di statore alla fondamentale [Ω];

- X_{br}=reattanza di dispersione di barra rotorica [Ω].

Per la valutazione della resistenza e della reattanza di barra rotorica occorre fare uso delle seguenti formule:

$$R_{br} = K_{Rr} \bullet R_{b0} \tag{I.39}$$

$$X_{br} = 2\pi \bullet 50 \bullet h \bullet K_{Lr} \bullet L_{b0} \tag{I.40}$$

$$K_{Rr} = \xi \bullet \frac{\sinh(2\xi) + \sin(2\xi)}{\cosh(2\xi) - \cos(2\xi)} \tag{I.41}$$

$$K_{Lr} = \frac{3}{2\xi} \bullet \frac{\sinh(2\xi) - \sin(2\xi)}{\cosh(2\xi) - \cos(2\xi)} \tag{I.42}$$

$$\xi = 2\pi \bullet h_c \bullet \sqrt{\frac{s_1 \bullet 50 \bullet h \bullet 10^{-5}}{\rho}} \tag{I.43}$$

con:

- R_{b0}=resistenza di barra rotorica in corrente continua [Ω];

- L_{b0}=coefficiente di autoinduzione di dispersione di barra rotorica in corrente continua [H];

- h_c=altezza di cava rotorica [mm];

- s_1=scorrimento riferito alla fondamentale;

- ρ=resistività del rame [Ωmm2/m].

Quanto finora detto era relativo al calcolo delle perdite Joule alla fondamentale ed alle armoniche superiori; resta da calcolare la potenza persa per isteresi e correnti parassite nel nucleo, cioè nei lamierini di materiale ferromagnetico. E' evidente che anche quest'ultimo contributo di perdita deve essere calcolato sia tenendo conto della frequenza fondamentale che delle frequenze armoniche e, pertanto, esso è dato da:

$$P_{tot}^{nucleo} = P_1^{nucleo} \bullet \sum_{h=1}^{h_{max}} \left[\left(\frac{V_h}{V_1} \right)^{m_M} \bullet \frac{1}{h^{0,6}} \right] \tag{I.44}$$

con:

- P_1^{nucleo}=perdite nel nucleo valutate alla fondamentale [W];

- h=ordine di armonica;

- h_{max}=massimo ordine di armonica considerato;

- V_1=valore efficace della fondamentale di tensione stellata di alimentazione del motore [V];

- V_h=valore efficace dell'h-esima armonica della tensione stellata di alimentazione del motore [V];

- m_M=coefficiente empirico.

Per l'applicazione del modello, le perdite nel nucleo alla fondamentale devono essere un dato noto ed il valore di m_M si sceglie di solito prossimo a due:

$$m_M \cong 2.$$

Dalla (I.35) e dalla (I.44) segue che le perdite totali per effetto Joule e per isteresi e correnti parassite nel nucleo ferromagnetico del motore, valutate tanto alla fondamentale quanto alle armoniche superiori, sono pari a:

$$P_{tot} = P_{tot}^{Joule} + P_{tot}^{nucleo} = 3R_{eq1} \bullet \left(\frac{V_1}{Z_{eq1}} \right)^2 +$$

$$+ \sum_{h=2}^{h_{max}} 3R_{eqh} \bullet \left(\frac{V_h}{Z_{eqh}} \right)^2 + \qquad (I.45)$$

$$+ P_1^{nucleo} \bullet \sum_{h=1}^{h_{max}} \left[\left(\frac{V_h}{V_1} \right)^{m_M} \bullet \frac{1}{h^{0,6}} \right]$$

con ovvio significato dei simboli.

A questo punto, occorre passare alla determinazione della temperatura del punto caldo del motore in condizioni di esercizio non sinusoidali ed a tal fine si possono utilizzare due differenti circuiti elettrici equivalenti al comportamento termico del sistema.

❑ Il primo circuito equivalente del quale ci si può servire è concettualmente del tutto identico a quello che è stato utilizzato in precedenza nel modello dei condensatori proposto da Emanuel; tale circuito è rappresentato in figura I-6.

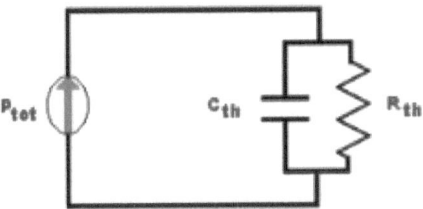

Figura I-6
Circuito elettrico equivalente per il calcolo della temperatura del punto caldo in un motore asincrono

Questo modello elettrico termicamente equivalente è valido sia per il transitorio che per la condizione di regime termico raggiunto ed in base ad esso il transitorio per mezzo del quale si arriva alla temperatura di regime del punto caldo si esprime come:

$$T_{h.s.} = R_{th} \bullet P_{tot} \bullet [1 - \exp(-t/\tau)] + T_{\sin} \bullet \exp(-t/\tau) \qquad (\text{I.46})$$

$$T_{\sin} = P_1^{tot} \bullet R_{th} \qquad (\text{I.47})$$

$$\tau = R_{th} \bullet C_{th} \qquad (\text{I.48})$$

Nelle (I.46)÷(I.48) i simboli indicano:

- $T_{h.s.}$=temperatura del punto caldo in condizioni di funzionamento non sinusoidali [°C];

- P_{tot}=perdite totali calcolate con la (I.45) [W];

- R_{th}=resistenza termica equivalente [°C/W];

- τ=costante di tempo del circuito elettrico termicamente equivalente [s];

- $T_{\sin}$=temperatura raggiunta dal punto caldo in condizioni di esercizio sinusoidali [°C];

- P_{1tot}=perdite per effetto Joule e per isteresi e correnti parassite valutate in condizioni di esercizio sinusoidali [W];

- C_{th}=capacità termica equivalente [s(W/°C)].

Dalla (I.46) discende subito che la temperatura del punto caldo in condizioni di esercizio non sinusoidali a regime termico raggiunto (t→∞) è data da:

$$T_{h.s.} = R_{th} \bullet P_{tot} \tag{I.49}$$

ed allora, considerando la (I.47) e la (I.49), la sovratemperatura del punto caldo in esercizio non sinusoidale rispetto a quella in esercizio sinusoidale si può esprimere in p.u. di quest'ultima come:

$$\frac{\Delta T}{T^{sin}} = \frac{T_{h.s.} - T^{sin}}{T^{sin}} = \frac{P_{tot} - P_1^{tot}}{P_1^{tot}} \tag{I.50}$$

❑ Il secondo circuito equivalente utilizzabile al fine di determinare la temperatura raggiunta dai conduttori statorici in condizioni di esercizio non sinusoidali è quello rappresentato in figura I-7 e, a differenza del circuito equivalente precedente, si riferisce esclusivamente alla condizione di regime termico raggiunto.

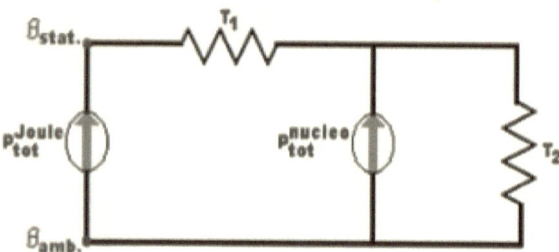

Figura I-7
Circuito elettrico equivalente per il calcolo della temperatura del punto caldo del motore asincrono in condizione di regime non sinusoidale

In base a questo circuito, la temperatura del conduttore di statore del motore asincrono in condizioni di alimentazione non sinusoidali è data da:

$$\theta_{stat} = \theta_{amb} + T_1 \bullet P_{tot}^{Joule} + T_2 \bullet P_{tot} = \theta_{amb} + T_1 \bullet P_{tot}^{Joule} +$$
$$+ T_2 \bullet \left(P_{tot}^{Joule} + P_{tot}^{nucleo} \right)$$

(I.51)

dove:

- θ_{stat}=temperatura del conduttore di statore [°C];

- θ_{amb}=temperatura ambiente [°C];

- T_1=resistenza termica dell'isolamento del conduttore statorico [°C/W];

- T_2=resistenza termica rispetto all'ambiente [°C/W].

Nell'applicazione della (I.51) occorre conoscere la temperatura ambiente e le resistenze termiche. La prima è un dato immediatamente disponibile mentre T_1 e T_2 devono essere fornite dal costruttore del motore asincrono oppure possono essere ricavate con riferimento a condizioni di alimentazione sinusoidali.

Il modello presentato per i motori asincroni trascura del tutto le perdite per attrito e ventilazione; tuttavia questo non comporta un errore significativo. Infatti, l'aliquota di perdita per attrito e ventilazione è di solito talmente piccola da poter essere tranquillamente trascurata.

Appunti ed osservazioni

5

MODELLI TERMICI DEI TRASFORMATORI

Per l'analisi del comportamento termico dei trasformatori collegati su una rete di alimentazione funzionante in regime non sinusoidale verranno presentati quattro modelli.

5.1 MODELLO DI FUCHS ET ALII

Si esamina un trasformatore trifase e ci si sofferma in particolare sulle perdite Joule negli avvolgimenti e sulle perdite per isteresi e correnti parassite nel nucleo, in quanto esse sono considerevolmente sensibili alla qualità dell'alimentazione della macchina.

Le perdite totali che si hanno in un trasformatore trifase sono date dalla somma di due contributi: perdite per effetto Joule (che interessano gli avvolgimenti e, perciò, sono dette pure "perdite nel rame") e perdite nel nucleo ferromagnetico (dette anche "perdite nel ferro"); queste ultime, a loro volta, si distinguono in perdite per isteresi e perdite per correnti parassite.

Le perdite per isteresi sono dovute al fatto che il materiale ferromagnetico è sottoposto ad una magnetizzazione variabile e ciò comporta il manifestarsi di una perdita di energia sotto forma di calore per il fenomeno dell'isteresi magnetica.

Le perdite per correnti parassite, invece, sono dovute al fatto che la variabilità temporale del valore di induzione nel nucleo comporta la nascita di correnti indotte (dette "correnti parassite") nei lamierini e ad esse è connessa una dissipazione di energia in forma termica.

Si inizia con l'esame delle perdite nel rame. Considerando il circuito monofase equivalente del trasformatore, trascurando la corrente nel cappio (e quindi il cappio stesso) e riportando i parametri del secondario al primario, si ha che le perdite Joule, riferite alla fondamentale, sono date da:

$$P_1^{rame} = 3R_{eq1} \bullet I_1^2 \qquad (I.52)$$

dove:

- P_1^{rame}=perdite Joule negli avvolgimenti primari e secondari del trasformatore trifase valutate alla fondamentale [W];

- R_{eq1}=resistenza equivalente di macchina riferita al primario e valutata con riferimento alla fondamentale [Ω];

- I_1=valore efficace della fondamentale di corrente assorbita dal primario del trasformatore [A].

Analogo ragionamento può essere svolto con riferimento alla generica armonica di ordine h, ottenendo così per le perdite nel rame all'armonica in questione l'espressione seguente:

$$P_h^{rame} = 3R_{eqh} \bullet I_h^2 \qquad (I.53)$$

Applicando la sovrapposizione degli effetti, allora, si ottiene che le perdite totali (cioè a tutte le armoniche) per effetto Joule sono date da:

$$P_{tot}^{rame} = P_1^{rame} + \sum_{h=2}^{h_{max}} P_h^{rame} = 3R_{eq1} \bullet I_1^2 + 3\sum_{h=2}^{h_{max}} R_{eqh} \bullet I_h^2 \qquad (I.54)$$

con:

- R_{eqh}=resistenza equivalente di macchina riferita al primario e valutata alla h-esima armonica [Ω];

- I_h=valore efficace dell'armonica di ordine h della corrente assorbita dal primario [A];

- h=ordine di armonica;

- h_{max}=massimo ordine di armonica considerato.

La valutazione della resistenza equivalente del trasformatore, con riferimento all'armonica di ordine h, può essere effettuata con una delle due seguenti relazioni:

$$R_{eqh} = R_{eq1} \bullet \left(0,87 + 0,13 \bullet h^{1,45}\right) \qquad (I.55)$$

$$R_{eqh} = 0,1026 \bullet h \bullet X_1 \bullet \frac{J+h}{J+1} \qquad (I.56)$$

con:

- X_1=reattanza equivalente di macchina alla fondamentale [Ω];

- J=rapporto tra le perdite per isteresi e le perdite per correnti parassite alla fondamentale, all'incirca pari a tre per gli acciai al silicio.

Facendo uso dell'espressione (I.55) per il calcolo della resistenza equivalente alle armoniche, la formula (I.54) diventa:

$$P_{tot}^{rame} = 3R_{eq1} \bullet I_1^2 + 3\sum_{h=2}^{h_{max}} R_{eq1} \bullet \left(0,87 + 0,13 \bullet h^{1,45}\right) \bullet I_h^2 \qquad (I.57)$$

Se si utilizza la (I.56), invece, la (I.54) si riscrive come:

$$P_{tot}^{rame} = 3R_{eq1} \bullet I_1^2 + 3\sum_{h=2}^{h_{max}} 0,1026 \bullet h \bullet X_1 \bullet \left(\frac{J+h}{J+1}\right) \bullet I_h^2 \qquad (I.58)$$

Quanto detto finora era relativo alle perdite per effetto Joule; per ciò che riguarda, poi, le perdite per isteresi e correnti parassite nel nucleo ferromagnetico, alla fondamentale ed alle armoniche superiori, la formula proposta è la seguente:

$$P_{tot}^{nucleo} = P_1^{nucleo} \bullet \sum_{h=1}^{h_{max}} \left[\left(\frac{V_h}{V_1}\right)^{m_T} \bullet \frac{1}{h^{2,6}}\right] \qquad (I.59)$$

dove i simboli hanno il significato riportato qui di seguito:

- P_1^{nucleo}=perdite nel nucleo valutate alla fondamentale [W];

- m_T=coefficiente empirico;

- V_1=valore efficace della fondamentale di tensione stellata primaria [V];

- V_h=valore efficace dell'h-esima armonica di tensione stellata di alimentazione al primario [V].

Le perdite totali nel rame e nel ferro, alla fondamentale ed alle armoniche superiori, nel trasformatore trifase sono, pertanto, date da:

$$P_{tot} = P_{tot}^{rame} + P_{tot}^{nucleo} \qquad (I.60)$$

Sostituendo nella (I.60) le (I.57) e (I.59), si ottiene:

$$P_{tot} = 3R_{eq1} \bullet I_1^2 +$$

$$+3\sum_{h=2}^{h_{max}} R_{eq1} \bullet \left(0,87 + 0,13 \bullet h^{1,45}\right) \bullet I_h^2 + P_1^{nucleo} \bullet \sum_{h=1}^{h_{max}} \left[\left(\frac{V_h}{V_1}\right)^{m_T} \bullet \frac{1}{h^{2,6}}\right] \qquad (I.61)$$

mentre, utilizzando la (I.58) e la (I.59), la (I.60) diventa:

$$P_{tot} = 3R_{eq1} \bullet I_1^2 +$$

$$+3\sum_{h=2}^{h_{max}} 0,1026 \bullet h \bullet X_1 \bullet \left(\frac{J+h}{J+1}\right) \bullet I_h^2 + P_1^{nucleo} \bullet \sum_{h=1}^{h_{max}} \left[\left(\frac{V_h}{V_1}\right)^{m_T} \bullet \frac{1}{h^{2,6}}\right] \qquad (I.62)$$

A questo punto, resta da valutare la temperatura alla quale si porta il punto caldo in condizioni di esercizio non sinusoidali. A tal fine si può fare ancora uso del medesimo circuito equivalente utilizzato per i condensatori e per i motori asincroni (figura I-8).

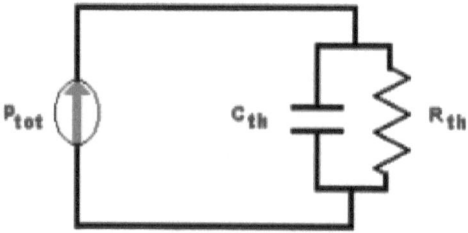

Figura I-8
Circuito elettrico equivalente per il calcolo della temperatura del punto caldo in un trasformatore

Il transitorio termico della temperatura del punto caldo è descritto dalla legge seguente:

$$T_{h.s.} = R_{th} \bullet P_{tot} \bullet \left[1 - \exp(-t/\tau)\right] + T_{sin} \bullet \exp(-t/\tau) \qquad (I.63)$$

con:

$$T_{sin} = P_1^{tot} \bullet R_{th} \qquad (I.64)$$

$$\tau = R_{th} \bullet C_{th} \qquad (I.65)$$

La valutazione di Ptot nella (I.63) può essere effettuata o tramite la (I.61) o tramite la (I.62).

A regime termico raggiunto (t→∞) è:

$$T_{h.s.} = R_{th} \bullet P_{tot} \qquad\qquad\text{(I.66)}$$

e la sovratemperatura del punto caldo in condizioni di alimentazione non sinusoidale rispetto alla temperatura in condizioni di alimentazione sinusoidale, espressa in p.u. di quest'ultima, è data da:

$$\frac{\Delta T}{T^{\sin}} = \frac{T_{h.s.} - T^{\sin}}{T^{\sin}} = \frac{P_{tot} - P_1^{tot}}{P_1^{tot}} \qquad\qquad\text{(I.67)}$$

5.2 MODELLO DI PIERRAT ET ALII

Viene considerato un punto critico, detto "punto caldo", che rappresenta il punto che raggiunge la massima temperatura durante l'esercizio in condizioni non sinusoidali.

La variabilità del carico e quella della temperatura ambiente sono considerate ogni trenta minuti e questo implica che si può trascurare la costante di tempo termica degli avvolgimenti. Essa, infatti, per un trasformatore di distribuzione da 630 kVA, è all'incirca pari a cinque minuti, quindi è molto minore dei trenta minuti durante i quali il carico e la temperatura ambiente si ritengono costanti.

Le perdite vengono suddivise in perdite a vuoto e perdite sotto carico.

Le perdite a vuoto sono quelle per isteresi e per correnti parassite nel nucleo magnetico e vengono ritenute trascurabili a patto che la distorsione armonica del sistema elettrico di alimentazione non ecceda il 5%, come imposto dagli standards internazionali. In queste condizioni, cioè trascurando l'aumento delle perdite a vuoto dovuto alla presenza di distorsione armonica nella rete di alimentazione, resta da considerare solo l'aumento delle perdite sotto carico in presenza di armoniche.

Le perdite sotto carico sono suddivise in perdite in continua, indicate con RI^2 (sono perdite Joule, ovviamente) e perdite dovute al flusso disperso, cioè al flusso magnetico che non si richiude nel nucleo ma si richiude attraverso gli avvolgimenti, la carcassa ed altre parti strutturali della macchina.

Le perdite dovute al flusso disperso vengono considerate le più importanti relativamente all'aumento di temperatura del trasformatore in esercizio in presenza di armoniche. In definitiva , allora, si ritiene che l'incremento di temperatura del punto caldo in esercizio non sinusoidale sia legato con buona approssimazione alle sole perdite per flusso disperso e, perciò, si prendono in considerazione soltanto queste.

La relazione che esprime l'aumento di temperatura del punto caldo, a regime termico raggiunto (t→∞), in presenza di un fattore di carico K è la seguente:

$$\Delta T_{h.s.}\left(t \to \infty\right) = \Delta T_{oK}\left(t \to \infty\right) + \Delta T_{h.s.R} \bullet \left(C \bullet K\right)^{2n} \qquad (I.68)$$

dove i simboli indicano:

- $\Delta T_{h.s.}(t\to\infty)$=aumento di temperatura del punto caldo (a regime termico raggiunto) rispetto alla temperatura ambiente, valutato in corrispondenza di un fattore di carico K [K];

- $\Delta T_{h.s.R}$=aumento di temperatura del punto caldo (a regime termico raggiunto) rispetto alla temperatura ambiente, valutato in corrispondenza del carico nominale [K];

- $\Delta T_{oK}(t\to\infty)$=massimo aumento di temperatura dell'olio, a regime termico, con riferimento ad un fattore di carico K [K];

- C=fattore di correzione della resistenza;

- K=fattore di carico;

- n=esponente tipico dell'olio.

Per calcolare il fattore di correzione della resistenza (C) occorre utilizzare la seguente procedura iterativa:

$$C\left(T_{h.s.}\right)_s = \left(1-\alpha\right) \bullet \left[\frac{\lambda + \left(T_{h.s.}\right)_{(s-1)}}{\lambda + T_0}\right] + \alpha \bullet \left[\frac{\lambda + T_0}{\lambda + \left(T_{h.s.}\right)_{(s-1)}}\right] \qquad (I.69)$$

In pratica, C al passo s viene calcolato assumendo che la temperatura del punto caldo sia quella ottenuta al passo (s-1). I simboli nella (I.69) indicano:

- $C(T_{h.s.})_s$=fattore C al passo s;

- α=rapporto tra le perdite per flusso disperso e le perdite Joule con riferimento alla fondamentale;

- λ=235 K per il rame; λ=225 K per l'alluminio;

- T_0=temperatura di riferimento del punto caldo. Questa coincide con la temperatura del punto caldo assunta al passo iniziale $(T_{h.s.})_{s=1}$; vale 85 °C per la classe di trasformatori da 55 °C e vale 95 °C per la classe da 65 °C;

- $(T_{h.s.})_{(s-1)}$=temperatura del punto caldo al passo (s-1) [°C].

L'aumento di temperatura dell'olio a regime termico raggiunto ed in corrispondenza di un fattore di carico K si calcola come:

$$\Delta T_{oK}\left(t \rightarrow \infty\right) = \Delta T_{oR} \bullet \left(\frac{K^2 \bullet R \bullet C + 1}{R+1}\right)^n \qquad (\text{I.70})$$

dove è:

- ΔT_{oR}=massimo aumento di temperatura dell'olio, a regime, valutato in corrispondenza del carico nominale [K];

- K=fattore di carico;

- R=rapporto tra le perdite sotto carico e le perdite a vuoto in corrispondenza del carico nominale.

Il fattore di carico K è dato da:

$$K = \frac{I_T}{I_r} \qquad (\text{I.71})$$

con:

- I_T=valore efficace della corrente assorbita dal trasformatore in condizioni di esercizio non sinusoidali [A];

- I_r=valore efficace della corrente nominale del trasformatore [A].

La corrente assorbita dal trasformatore in condizioni di alimentazione non sinusoidali è data da:

$$I_T = \sqrt{I_L^2 + \sum_{h=2}^{h_{max}} I_h^2 \bullet \beta_h} \qquad (\text{I.72})$$

con:

$$\beta_h = \frac{1 + \xi + \xi^3}{1 + \xi^2} \qquad (1.73)$$

$$\xi \cong \sqrt{\gamma \bullet h \bullet \frac{S_r}{S_{r0}}} \qquad (1.74)$$

dove:

- I_L=valore efficace della fondamentale di corrente assorbita dal trasformatore [A];

- I_h=valore efficace dell'armonica di corrente di ordine h assorbita dal trasformatore [A];

- β_h=coefficiente numerico dipendente dall'ordine di armonica, dalla forma del conduttore di avvolgimento e dalla sua sezione, espresso dalla formula empirica (1.73), valida per i trasformatori MT/BT;

- ξ=coefficiente numerico espresso dalla formula empirica (1.74), valida per i trasformatori MT/BT;

- γ=coefficiente empirico, pari a 1,5 nel range di taglie 100÷1000 kVA;

- (S_r/S_{r0})=rapporto tra la potenza nominale del trasformatore (S_r) e la potenza nominale del trasformatore di riferimento (S_{r0}).

Il modello proposto è di validità del tutto generale nell'ambito dei trasformatori MT/BT in olio ma non è utilizzabile nell'analisi dei trasformatori a secco.

Un limite importante di questo modello è costituito dal fatto che esso utilizza un numero probabilmente eccessivo di parametri di natura empirica.

5.3 MODELLO SECONDO NORMA I.E.E.E. STANDARD C57.110-1998

Il modello qui proposto è stato sviluppato sulla base delle indicazioni fornite dalla Norma I.E.E.E. Standard C57.110-1998 "Recommended practice for establishing transformer capability when supplying nonsinusoidal load currents".

Tale modello si riferisce ai trasformatori in olio; in particolare la sovratemperatura del punto caldo viene determinata in funzione della sovratemperatura dell'olio rispetto alla temperatura ambiente.

Il modello risulta applicabile unicamente ai trasformatori a due avvolgimenti.

La temperatura del punto caldo viene considerata con riferimento al singolo avvolgimento, pertanto la procedura va applicata due volte, la prima volta con riferimento al primario e la seconda con riferimento al secondario.

Poiché il modello proposto è finalizzato all'applicazione in presenza di una disponibilità limitata di dati di partenza, occorre effettuare alcune approssimazioni che consentono di ricavare da quelli disponibili tutti i dati necessari nell'ambito del modello. Si assume, allora, quanto segue:

(a)   le perdite totali per flusso disperso, PTSL-R, si calcolano per mezzo della formula seguente:

$$P_{TSL-R} = P_{LL-R} - k \bullet \left(I_{in.-R}^2 \bullet R_{in.} + I_{out.-R}^2 \bullet R_{out.} \right) \tag{I.75}$$

con k=1,0 per i trasformatori monofase e k=1,5 per i trasformatori trifase. In tale formula è:

- P_{TSL-R}=perdite totali dovute al flusso disperso, valutate nelle condizioni nominali [W];

- P_{LL-R}=perdite sotto carico, valutate nelle condizioni nominali [W];

- $I_{in.[out.]-R}$=corrente nominale dell'avvolgimento interno [esterno] [A];

- $R_{in.[out.]}$=resistenza in continua dell'avvolgimento interno [esterno] [Ω];

(b)   note le perdite totali per flusso disperso ("total stray losses"), P_{TSL-R}, si assume che sia:

$$P_{E.C.-R} = 0,33 \bullet P_{TSL-R} \tag{I.76}$$

$$P_{O.S.L.-R} = 0,67 \bullet P_{TSL-R} \tag{I.77}$$

dove:

- $P_{E.C.-R}$=perdite totali per correnti parassite nei conduttori degli avvolgimenti, valutate nelle condizioni nominali [W];

- $P_{O.S.L.-R}$=perdite totali per correnti indotte dal flusso disperso attraverso elementi strutturali diversi dai conduttori di avvolgimento, valutate nelle condizioni nominali [W];

(c)   la suddivisione delle perdite totali per correnti parassite nei conduttori degli avvolgimenti, $P_{E.C.}$, si assume essere la seguente rispettivamente per l'avvolgimento interno ed esterno di trasformatori con corrente nominale minore o uguale di 1000 A e per tutti i trasformatori con rapporto di trasformazione minore o uguale di 4:1 :

$$P_{E.C.-R}^{in.} = 0,6 \bullet P_{E.C.-R} \qquad\qquad (I.78)$$

$$P_{E.C.-R}^{out.} = 0,4 \bullet P_{E.C.-R} \qquad\qquad (I.79)$$

Invece per i trasformatori che hanno un rapporto di trasformazione maggiore di 4:1 e per quelli che hanno uno o più avvolgimenti con corrente nominale maggiore di 1000 A, le perdite per correnti parassite relative all'avvolgimento interno ed esterno risultano pari a:

$$P_{E.C.-R}^{in.} = 0,7 \bullet P_{E.C.-R} \qquad\qquad (I.80)$$

$$P_{E.C.-R}^{out.} = 0,3 \bullet P_{E.C.-R} \qquad\qquad (I.81)$$

(d)   la distribuzione delle perdite per correnti parassite nei conduttori ("eddy current losses") in ciascun avvolgimento si ritiene che sia non uniforme. La massima densità di tali perdite si ritiene che si abbia nella zona in cui si trova il punto più caldo dell'avvolgimento in oggetto e si stima che l'entità di queste perdite in tale zona sia pari al 400% del valore medio che esse assumono nell'avvolgimento in oggetto.

Si noti a tal proposito che di solito l'avvolgimento interno è quello di bassa tensione mentre l'avvolgimento esterno è quello di alta tensione e, perciò, in assenza di informazioni diverse, bisognerà assumere tale ipotesi.

Per calcolare la densità di perdita di tipo "eddy current" nella zona del punto caldo dell'avvolgimento considerato occorre distinguere il caso di trasformatore con rapporto spire superiore a 4:1 dal caso di trasformatore con rapporto spire inferiore o uguale a 4:1. Si ha a tal proposito quanto segue.

❑   Per i trasformatori con rapporto spire superiore a 4:1, per l'avvolgimento interno è:

$$MaxP_{E.C.-R}^{in.}\left(p.u.\right) = \frac{2,8 \bullet P_{E.C.-R}^{in.}}{k \bullet I_{in.-R}^{2} \bullet R_{in.}} \qquad\qquad (I.82)$$

mentre per l'avvolgimento esterno è:

$$MaxP^{out.}_{E.C.-R}(p.u.) = \frac{2,8 \bullet P^{out.}_{E.C.-R}}{k \bullet I^2_{out.-R} \bullet R_{out.}} \tag{I.83}$$

❑ Per i trasformatori con rapporto spire inferiore o uguale a 4:1, per l'avvolgimento interno è:

$$MaxP^{in.}_{E.C.-R}(p.u.) = \frac{2,4 \bullet P^{in.}_{E.C.-R}}{k \bullet I^2_{in.-R} \bullet R_{in.}} \tag{I.84}$$

mentre per l'avvolgimento esterno è:

$$MaxP^{out.}_{E.C.-R}(p.u.) = \frac{2,4 \bullet P^{out.}_{E.C.-R}}{k \bullet I^2_{out.-R} \bullet R_{out.}} \tag{I.85}$$

dove è:

• $MaxP_{E.C.-R}^{in.[out.]}$(p.u.)=perdite per correnti parassite nei conduttori dell'avvolgimento interno [esterno], nella zona in cui si trova il punto caldo di tale avvolgimento (zona nella quale queste perdite sono massime), valutate nelle condizioni nominali ed espresse in p.u. delle perdite di tipo RI2 relative all'avvolgimento in questione.

La sovratemperatura del punto caldo dell'avvolgimento in oggetto si calcola con le seguenti formule:

❑ per l'avvolgimento interno dei trasformatori con rapporto spire superiore a 4:1, si ha:

$$\Delta T_{g-in.} = \Delta T_{g-in.-R} \bullet \left[\frac{1 + 2,8 \bullet F_{HL} \bullet MaxP^{in.}_{E.C.-R}(p.u.)}{1 + 2,8 \bullet MaxP^{in.}_{E.C.-R}(p.u.)} \right]^{0,8} \tag{I.86}$$

mentre per l'avvolgimento esterno si ha:

$$\Delta T_{g-out.} = \Delta T_{g-out.-R} \bullet \left[\frac{1 + 2,8 \bullet F_{HL} \bullet MaxP^{out.}_{E.C.-R}(p.u.)}{1 + 2,8 \bullet MaxP^{out.}_{E.C.-R}(p.u.)} \right]^{0,8} \tag{I.87}$$

❑ per l'avvolgimento interno dei trasformatori con rapporto spire inferiore o uguale a 4:1, si ha:

$$\Delta T_{g-in.} = \Delta T_{g-in.-R} \bullet \left[\frac{1 + 2,4 \bullet F_{HL} \bullet MaxP^{in.}_{E.C.-R}(p.u.)}{1 + 2,4 \bullet MaxP^{in.}_{E.C.-R}(p.u.)} \right]^{0,8} \tag{I.88}$$

mentre per l'avvolgimento esterno si ha:

$$\Delta T_{g-out.} = \Delta T_{g-out.-R} \bullet \left[\frac{1 + 2,4 \bullet F_{HL} \bullet Max P_{E.C.-R}^{out.}(p.u.)}{1 + 2,4 \bullet Max P_{E.C.-R}^{out.}(p.u.)} \right]^{0,8} \qquad (I.89)$$

con:

$$F_{HL} = \frac{\sum_{h=1}^{h_{max}} I_h^2 \bullet h^2}{\sum_{h=1}^{h_{max}} I_h^2} \qquad (I.90)$$

e con il seguente significato dei simboli:

- $\Delta T_{g-in.[out.]}$=sovratemperatura del punto caldo dell'avvolgimento interno [esterno] rispetto alla sovratemperatura dell'olio [°C];

- $\Delta T_{g-in.[out.]-R}$=sovratemperatura del punto caldo dell'avvolgimento interno [esterno] rispetto alla sovratemperatura dell'olio, valutata nelle condizioni nominali [°C];

- F_{HL}=fattore di perdita armonica relativo alle perdite per correnti parassite nei conduttori degli avvolgimenti;

- h=ordine di armonica;

- h_{max}=massimo ordine di armonica considerato;

- I_h=valore efficace dell'armonica di corrente ordine h [A].

La sovratemperatura dell'olio rispetto alla temperatura ambiente, poi, è ottenuta mediante la seguente relazione:

$$\Delta T_{t.o.} = \Delta T_{t.o.-R} \bullet \left(\frac{P_{LL} + P_{NL}}{P_{LL-R} + P_{NL}} \right)^{0,8} \qquad (I.91)$$

con:

$$P_{LL} = P + F_{HL} \bullet P_{E.C.} + F_{HL-STR} \bullet P_{O.S.L.} \qquad (I.92)$$

$$F_{HL-STR} = \frac{\sum_{h=1}^{h_{max}} I_h^2 \bullet h^{0,8}}{\sum_{h=1}^{h_{max}} I_h^2} \qquad (I.93)$$

dove è:

- $\Delta T_{t.o.}$=sovratemperatura dell'olio rispetto alla temperatura ambiente [°C];

- $\Delta T_{t.o.-R}$=sovratemperatura dell'olio rispetto alla temperatura ambiente, valutata in condizioni nominali [°C];

- P_{LL}=perdite sotto carico [W];

- P_{NL}=perdite a vuoto [W];

- P=perdite totali di tipo RI^2 [W], dove I è il valore efficace della corrente di carico non sinusoidale [A], cioè è:

$$I = \sqrt{\sum_{h=1}^{h_{max}} I_h^2} \qquad (1.94)$$

- F_{HL-STR}=fattore di perdita armonica relativo alle perdite per correnti parassite in elementi strutturali diversi dai conduttori di avvolgimento.

La temperatura del punto caldo dell'avvolgimento in esame è espressa dalla formula seguente:

$$T_g = T_a + \Delta T_g + \Delta T_{t.o.} \qquad (1.95)$$

dove:

- T_g=temperatura del punto caldo dell'avvolgimento considerato [°C];

- T_a=temperatura ambiente [°C];

- ΔT_g=sovratemperatura del punto caldo dell'avvolgimento in esame rispetto alla sovratemperatura dell'olio [°C];

- $\Delta T_{t.o.}$=sovratemperatura dell'olio rispetto alla temperatura ambiente [°C].

Si noti che può capitare, nell'esame dei trasformatori trifase, che i dati di targa indichino la resistenza delle tre fasi dell'avvolgimento interno [esterno] in serie. In questa situazione, il valore di resistenza di una singola fase si calcola come segue:

❑ nel caso di avvolgimento interno [esterno] a triangolo è:

$$R_{in.} = \frac{2}{9} \bullet R_{sum-in.} [R_{out.} = \frac{2}{9} \bullet R_{sum-out.}] \qquad (1.96)$$

❑   nel caso di avvolgimento interno [esterno] a stella si ha:

$$R_{in.} = \frac{2}{3} \bullet R_{sum-in.} [R_{out.} = \frac{2}{3} \bullet R_{sum-out.}] \qquad (1.97)$$

dove con $R_{sum-in.[out.]}$ si è indicato il valore della resistenza delle tre fasi dell'avvolgimento interno [esterno] in serie.

Dall'analisi del modello proposto si nota che il valore di resistenza considerato per gli avvolgimenti è quello in continua. Ciò può suscitare perplessità a causa del fatto che non solo la macchina lavora in alternata, ad una frequenza nominale di 50 Hz, ma addirittura il modello in oggetto è destinato ad essere applicato a casi in cui sia presente distorsione armonica, con correnti di frequenza anche molto elevata.

In realtà, il fatto di considerare il valore di resistenza in continua è comunque del tutto cautelativo ed ha il vantaggio di semplificare il modello stesso. Come noto, infatti, all'aumentare della frequenza della corrente che attraversa un conduttore si verifica il fenomeno detto "effetto pelle", la cui conseguenza è l'aumento di resistenza del conduttore stesso, aumento tanto più rilevante quanto più è elevata la frequenza della corrente. In effetti, però, andando a considerare un elemento puramente resistivo sottoposto ad una tensione armonica di ordine h di valore efficace pari a V_h, che si suppone essere fissato, si ha che la perdita Joule di h-esima armonica è pari a V_h^2/R_h nel caso in cui si considera l'incremento di resistenza per "effetto pelle" ed è pari invece a V_h^2/R nel caso in cui non si considera l' "effetto pelle" e si prende perciò il valore di resistenza in continua.

Ora, poiché l'effetto pelle comporta un incremento del valore della resistenza rispetto a quello che si ha in continua, è chiaro che è $R_h > R$, quindi è $(V_h^2/R_h) < (V_h^2/R)$ e ciò vuol dire che la valutazione della perdita Joule per la generica armonica h-esima senza considerare l' "effetto pelle" ma utilizzando invece il valore di resistenza in continua è comunque cautelativa in quanto comporta la sovrastima della perdita stessa.

Volendo reinterpretare quanto appena detto in base alla formulazione del tutto equivalente della potenza Joule in termini di corrente, cioè come I^2R, è chiaro che all'aumentare di resistenza per "effetto pelle", considerando sempre fissata V_h, si ha una diminuzione del valore efficace dell'armonica h-esima di corrente. Nella valutazione della potenza Joule $I_h^2R_h$, tale diminuzione ha un impatto superiore rispetto a quello dell'aumento della resistenza, in quanto la corrente compare al quadrato e ciò conduce ad una diminuzione della perdita Joule.

Ne segue allora che il fatto di valutare tale perdita considerando per la resistenza il valore in continua porta a sovrastimare la perdita stessa e, quindi, è comunque cautelativo. In definitiva, perciò, l'approssimazione consistente nel considerare per gli avvolgimenti del trasformatore il valore di resistenza in continua è del tutto accettabile.

Di solito nei trasformatori di potenza superiore a 50 MVA l'avvolgimento interno, cioè più vicino al nucleo, è quello nel quale si registra la maggiore perdita per correnti parassite attraverso i conduttori e la maggiore densità di tale perdita si localizza nella parte finale dell'avvolgimento stesso.

E' consuetudine, poi, che l'avvolgimento più interno sia quello di bassa tensione mentre quello più esterno sia quello di alta tensione. Da quanto appena osservato, allora, si può dedurre che, anche se non è possibile dirlo con certezza, è presumibile che il punto più caldo dei conduttori di un trasformatore a due avvolgimenti si trovi nella parte finale dell'avvolgimento di bassa tensione.

5.4 MODELLO DI RIBEIRO ET ALII

Il presente modello si riferisce esclusivamente ai trasformatori in olio.

L'aumento di temperatura che si ha, a regime termico, nel punto più caldo degli avvolgimenti del trasformatore, rispetto alla sovratemperatura dell'olio riferita alla temperatura ambiente, è dato da:

$$\Delta T_{eF} = \Delta T_{e1} \bullet \left(\frac{P_{jh}}{P_{j1}} \right)^m \qquad (I.98)$$

con:

$$P_{jh} = \sum_{h=1}^{h_{max}} \left[R_h^{pr.} \bullet \left(I_h^{pr.} \right)^2 + R_h^{sec.} \bullet \left(I_h^{sec.} \right)^2 \right] + P_{E.C.} + P_{O.S.L.} \qquad (I.99)$$

Per poter stimare la temperatura effettiva del punto caldo occorre aver precedentemente calcolato la sovratemperatura dell'olio rispetto alla temperatura ambiente. Tale sovratemperatura, a regime termico, è data da:

$$\Delta T_{oF} = \Delta T_{o1} \bullet \left(\frac{P_{Hh} + P_{Fh} + P_{jh}}{P_{01} + P_{j1}} \right)^{m} \qquad (I.100)$$

La temperatura del punto caldo a regime è pertanto pari a:

$$T_{h.s.} = T_{amb.} + \Delta T_{oF} + \Delta T_{eF} \qquad (I.101)$$

Nelle (I.98)÷(I.101) i simboli vanno interpretati nella maniera seguente:

- $T_{h.s.}$=temperatura del punto caldo in esercizio non sinusoidale [°C];

- $T_{amb.}$=temperatura ambiente [°C];

- ΔT_{eF}=aumento di temperatura a regime termico nel punto più caldo degli avvolgimenti, in condizioni non sinusoidali, rispetto alla massima temperatura dell'olio [°C];

- ΔT_{e1}=aumento di temperatura a regime termico negli avvolgimenti, in condizioni sinusoidali, rispetto alla massima temperatura dell'olio [°C];

- m=coefficiente empirico variabile tra 0,8 e 1; il valore 0,8 è relativo ai trasformatori autoraffreddati ("self-cooled") mentre il valore 1 è relativo ai trasformatori raffreddati ad olio forzato ("forced-oil-cooled");

- P_{jh}=perdite totali negli avvolgimenti dovute alla circolazione di correnti distorte nel primario e nel secondario (perdite ohmiche alle armoniche) [W];

- P_{j1}=perdite ohmiche negli avvolgimenti alla fondamentale [W];

- $R_h^{pr.}$=resistenza dell'avvolgimento primario valutata all'armonica h-esima [Ω];

- $R_h^{sec.}$=resistenza dell'avvolgimento secondario valutata all'armonica h-esima [Ω];

- $I_h^{pr.}$=valore efficace dell'h-esima armonica di corrente al primario [A];

- $I_h^{sec.}$=valore efficace dell'h-esima armonica di corrente al secondario [A];

- $P_{E.C.}$=perdite armoniche per correnti parassite nei conduttori di avvolgimento causate dal flusso disperso attraverso i conduttori stessi [W];

- $P_{O.S.L.}$=perdite causate dal flusso disperso attraverso elementi diversi dai conduttori di avvolgimento ovvero perdite per isteresi e correnti parassite nella carcassa, nei morsetti e nel nucleo causate dal flusso di induzione magnetica disperso attraverso tali elementi [W];

- ΔT_{oF}=aumento della temperatura dell'olio, a regime termico, rispetto alla temperatura ambiente in caso di condizioni non sinusoidali [°C];

- ΔT_{o1}=aumento della temperatura dell'olio, a regime termico, rispetto alla temperatura ambiente in caso di esercizio sinusoidale [°C];

- P_{Hh}=perdite armoniche per isteresi nel nucleo [W];

- P_{Fh}=perdite armoniche per correnti parassite nel nucleo [W];

- $P_{01}=P_{H1}+P_{F1}$=perdite nel ferro alla fondamentale (isteresi+correnti parassite) [W].

Le perdite armoniche per isteresi, P_{Hh}, e per correnti parassite, P_{Fh}, nel nucleo sono date dalle seguenti espressioni:

$$P_{Hh} = P_{H1} \bullet \left[1 + \left(\sum_{h=2}^{h_{max}} \frac{1}{h} \bullet \frac{V_h}{V_1} \bullet \cos \varphi_h \right)^s \right] \tag{I.102}$$

$$P_{Fh} = P_{F1} \bullet \left[1 + \sum_{h=2}^{h_{max}} \left(\frac{V_h}{V_1} \right)^2 \bullet C_{eh} \right] \tag{I.103}$$

con:

$$\xi = \Delta \bullet \sqrt{\pi \bullet \mu \bullet \gamma \bullet h \bullet f} \tag{I.104}$$

$$C_{eh} = \begin{cases} 1 - 0,0017 \bullet \xi^{3,61}, \xi \leq 3,6 \\ \dfrac{3}{\xi}, \xi \geq 3,6 \end{cases} \tag{I.105}$$

dove:

- V_h=valore efficace dell'armonica di tensione di ordine h [V];

- V_1=valore efficace della prima armonica di tensione [V];

- φ_h=fase dell'armonica di tensione di ordine h;

- s=coefficiente di Steimmetz;

- Δ=spessore del nucleo magnetico [m];

- μ=permeabilità magnetica del nucleo [H/m];

- γ=conducibilità elettrica del nucleo [S/m];

- f=frequenza fondamentale [Hz].

Infine, le perdite per correnti parassite nei conduttori dovute al flusso disperso attraverso i conduttori stessi ($P_{E.C.}$) e le perdite per isteresi e correnti parassite nella carcassa, nel nucleo e nei morsetti causate dal flusso disperso che attraversa tali elementi ($P_{O.S.L.}$) devono essere valutate nella regione in cui si trova il punto caldo, ovvero nella zona nella quale esse sono massime. Tale valutazione si può effettuare ritenendo che il valore di $P_{E.C.}$ e $P_{O.S.L.}$ nella zona in questione sia pari al 400% del valore medio di tali perdite negli avvolgimenti. Dal punto di vista applicativo, la suddetta valutazione si può condurre basandosi sulle indicazioni della Norma I.E.E.E. Standard C57.110-1998.

Occorre sottolineare, inoltre, che l'applicabilità effettiva del modello proposto risulta difficoltosa in quanto esso richiede la conoscenza di dati che nella maggior parte dei casi non sono immediatamente disponibili né facilmente reperibili, quali lo spessore del nucleo magnetico, la sua permeabilità, la sua conducibilità e la fase delle armoniche.

Per quanto riguarda la permeabilità del nucleo magnetico, poi, bisogna notare che essa non è univocamente definita, in quanto è noto che la caratteristica di magnetizzazione di un trasformatore non è lineare, quindi la permeabilità magnetica del nucleo dipende dal punto di lavoro della macchina ed è maggiore laddove la pendenza della caratteristica di magnetizzazione è maggiore. Si può scegliere, allora, di usare nel modello qui proposto la μ in corrispondenza della condizione nominale di magnetizzazione ma è chiaro che ciò costituisce un'ulteriore approssimazione, in quanto la condizione di magnetizzazione nominale di macchina è notoriamente riferita all'esercizio in regime permanente sinusoidale mentre il modello in oggetto è finalizzato alla considerazione di situazioni di esercizio non sinusoidali.

Un'ultima osservazione riguarda la presenza nel modello appena esaminato della conducibilità elettrica del nucleo magnetico. E' noto che tale grandezza è funzione, per un dato materiale, della temperatura alla quale il materiale stesso si trova, perciò appare piuttosto difficile assegnare esattamente un valore alla γ del nucleo nel modello in quanto essa dipende dalla temperatura del nucleo stesso, che è ovviamente incognita. Questa difficoltà, comunque, può essere superata andando a considerare la conducibilità ad una temperatura di esercizio approssimativa perché ciò in effetti costituisce un'approssimazione sicuramente accettabile.

La conducibilità del ferro-silicio, infatti, non è molto sensibile alla temperatura, in quanto il coefficiente di variazione termica della resistività di questo materiale è piuttosto basso: per il ferro silicio il coefficiente resistivo di temperatura è pari a 0,0019 °C-1, significativamente minore di quello del rame (che è pari a 0,0040 °C-1) e la resistività del ferro-silicio ad una temperatura di 20 °C è all'incirca pari a 0,27÷0,67 $\mu\Omega$m, in dipendenza dalla concentrazione di silicio nel ferro.

Appunti ed osservazioni

6

VALUTAZIONE DELLA SOVRATEMPERATURA DELLA SUPERFICIE DI UN CAVO RISPETTO ALL'AMBIENTE

Nel modello termico dei cavi è richiesta la valutazione del parametro $\Delta\theta_s$, cioè della sovratemperatura della superficie del cavo rispetto all'ambiente esterno.

Per effettuare tale valutazione è possibile utilizzare un procedimento iterativo, che si può riassumere nell'algoritmo di seguito esposto:

Passo 1 - Si pone come valore iniziale:

$$(\Delta\theta_s)^{1/4} = 2 \qquad\qquad\qquad (I.106)$$

Passo 2 - Si calcola il valore dei parametri seguenti all'iterazione n-esima:

$$\left[(\Delta\theta_s)^{1/4}\right]_n = \left\{ \frac{\Delta\theta + \Delta\theta_d}{1 + K_A \bullet \left[(\Delta\theta_s)^{1/4}\right]_{n-1}} \right\}^{1/4} \qquad (I.107)$$

con:

$$K_A = \frac{\pi \bullet D_e^* \bullet \tau}{1 + \lambda_1 + \lambda_2} \bullet \left[\frac{T_1}{n} + T_2 \bullet (1 + \lambda_1) + T_3 \bullet (1 + \lambda_1 + \lambda_2) \right] \qquad (I.108)$$

$$\Delta\theta_d = W_d \bullet \left[\left(\frac{1}{1 + \lambda_1 + \lambda_2} - \frac{1}{2} \right) \bullet T_1 - \frac{n \bullet \lambda_2 \bullet T_2}{1 + \lambda_1 + \lambda_2} \right] \qquad (I.109)$$

dove il significato dei nuovi simboli introdotti è:

- $\Delta\theta$=sovratemperatura rispetto alla temperatura ambiente ammessa per il conduttore [°C];

- $\Delta\theta_d$=fattore avente le dimensioni di una differenza di temperatura per tenere conto delle perdite nel dielettrico [°C];

Passo 3 - si verifica il seguente criterio di convergenza:

$$\left|\left(\Delta\theta_s\right)^{1/4}\right|_n - \left|\left(\Delta\theta_s\right)^{1/4}\right|_{n-1} \leq 0.001 \qquad (1.110)$$

Passo 4 - se la condizione di convergenza (I.110) non è soddisfatta, si aumenta il valore dell'indice n ("step") di una unità e si ripete il procedimento esposto ai passi 2 e 3.

Il procedimento appena descritto era relativo al caso più generale possibile ma nel capitolo 2 sono state adottate alcune approssimazioni allo scopo di consentire una ragionevole semplificazione del modello; risulta necessario, perciò, adattare il procedimento iterativo precedente alla situazione considerata nel modello dei cavi, in cui si è posto:

$$\lambda_1 \approx 0, \ \lambda_2 \approx 0, \ W_d \approx 0,$$

Pertanto, il procedimento iterativo da adoperare per il calcolo della sovratemperatura della superficie del cavo rispetto all'ambiente esterno nel modello dei cavi considerato capitolo 2 diventa il seguente:

(a)   il valore di prova iniziale ("step zero") si pone pari a:

$$\left(\Delta\theta_s\right)^{1/4} = 2 \qquad (1.111)$$

(b)   si calcolano i valori correnti al passo n-esimo dei seguenti parametri:

$$K_A = \pi \bullet D_e^* \bullet \tau \bullet \left[\frac{T_1}{n} + T_2 + T_3\right] \qquad (1.112)$$

$$\left[\left(\Delta\theta_s\right)^{1/4}\right]_n = \left\{\frac{\Delta\theta}{1 + K_A \bullet \left[\left(\Delta\theta_s\right)^{1/4}\right]_{n-1}}\right\}^{1/4} \qquad (1.113)$$

(c)   si controlla se è verificato o meno il seguente criterio di convergenza:

$$\left|\left(\Delta\theta_s\right)^{1/4}\right|_n - \left|\left(\Delta\theta_s\right)^{1/4}\right|_{n-1} \leq 0.001 \qquad (1.114)$$

(d)   se la condizione di convergenza (I.114) non risulta soddisfatta, si incrementa il valore dell'indice n corrente ("step") di una unità e si ripete il procedimento esposto ai punti (b) e (c).

(e)   il primo valore di prova che soddisfa la condizione di convergenza (I.114) viene assunto come valore della sovratemperatura della superficie del cavo rispetto all'ambiente e viene utilizzato nella formula (I.17) del modello termico dei cavi.

Appunti ed osservazioni

MODELLO DI VITA "MULTI-STRESS" DEI COMPONENTI DI UN SISTEMA ELETTRICO IN PRESENZA DI DISTORSIONE ARMONICA

Appunti ed osservazioni

Parte II
Modello di vita "multi-stress" dei componenti di un sistema elettrico
in presenza di distorsione armonica

7

SOMMARIO DELLA PARTE II

I componenti di un sistema elettrico sono sottoposti, durante il loro normale esercizio, a sollecitazioni di vario genere, in particolare di tipo elettrico, termico e meccanico. La severità di tali sollecitazioni influenza in maniera determinante la variazione delle caratteristiche elettriche dei componenti stessi nel tempo, in modo tale da permettere il loro mantenimento in esercizio per un periodo di servizio più o meno prolungato.

In maniera più specifica, si ha qui interesse alla considerazione delle sollecitazioni di tipo elettrico e termico ed è pertanto su di esse che ci si soffermerà, con particolare riferimento a ciò che riguarda i cavi, i condensatori, i motori asincroni ed i trasformatori.

La vita utile di un componente elettrico si deve intendere come il periodo di tempo per il quale esso mantiene le proprie caratteristiche elettriche entro valori tali da consentire il suo utilizzo nelle condizioni previste di esercizio.

Nel caso dei componenti principali di un sistema elettrico, precedentemente elencati, le sollecitazioni di maggiore interesse sono quelle di tipo termico ed elettrico mentre le sollecitazioni di carattere meccanico e quelle di altro genere assumono rilievo trascurabile.

E' naturale che quanto maggiore è l'entità delle sollecitazioni cui il componente è sottoposto, tanto minore sarà la sua vita utile, intesa nel senso sopra precisato. Ciò, in generale, potrà produrre un danno di natura economica, a causa della necessità di sostituire i componenti del sistema elettrico con una frequenza tanto più elevata quanto più breve è la loro durata di vita, quindi con una frequenza tanto più elevata quanto più è intensa la sollecitazione cui i componenti sono sottoposti durante il loro esercizio.

Quanto appena osservato porta a comprendere che è assolutamente necessario essere in grado di prevedere nella maniera più accurata possibile l'entità delle sollecitazioni agenti sui componenti e la conseguente durata di vita utile prevedibile per i componenti stessi.

Con riferimento ai quattro tipi di componenti fondamentali predetti, poi, occorre notare che la loro durata di vita utile è in effetti da intendersi come coincidente con la durata di vita utile dei dielettrici utilizzati nella loro costruzione.

Tali isolanti sono, nella maggior parte dei casi, dei materiali in fase solida, il cui degrado è essenzialmente legato a reazioni chimiche di ossido-riduzione riguardanti il dielettrico solido (stress termico) ed a sollecitazioni elettriche che si manifestano sul materiale isolante a causa del campo elettrico agente su di esso (stress elettrico).

Parte II
Modello di vita "multi-stress" dei componenti di un sistema elettrico
in presenza di distorsione armonica

8

MODELLO DI VITA ELETTRO-TERMICO

Vengono di seguito analizzate la sollecitazione di natura termica, quella di natura elettrica e la loro interazione. A seguire, poi, si prenderà in esame il modello di vita elettro-termico dei componenti in presenza di distorsione armonica, tanto con riferimento ad un approccio deterministico quanto con riferimento ad un approccio probabilistico.

8.1 STRESS TERMICO, STRESS ELETTRICO E STRESS COMBINATO

Durante il loro funzionamento, i materiali isolanti utilizzati nella costruzione dei componenti elettrici sono inevitabilmente soggetti ad un riscaldamento, dovuto alle perdite Joule che si manifestano nei componenti stessi.

Tale riscaldamento costituisce una sollecitazione (detta "stress termico") tendente ad incentivare il degrado delle caratteristiche chimico-fisiche dell'isolante, in quanto induce un'accelerazione nelle reazioni di ossidazione che coinvolgono l'isolante stesso.

E' noto, infatti, che le reazioni di ossido-riduzione, così come tutte le reazioni chimiche, avvengono con una velocità il cui livello è influenzato da vari parametri, quali il tipo di reagenti, la loro concentrazione, la superficie di contatto tra di essi, la presenza di catalizzatori della reazione e la temperatura alla quale avviene la reazione stessa.

E' chiaro, allora, che la dissipazione di potenza per effetto Joule in un componente, determinando un aumento di temperatura nel componente stesso ed in particolare nel dielettrico, produce un aumento della velocità di evoluzione della reazione di ossidazione dell'isolante e, quindi, ne provoca un più rapido degrado ("invecchiamento").

Per descrivere in maniera quantitativa tale fenomeno occorre approfondire la correlazione esistente tra la velocità di avanzamento di una generica reazione chimica e la temperatura alla quale essa avviene. E' noto che la velocità con la quale progredisce una qualunque reazione chimica tra i generici reagenti A e B può essere espressa nella forma seguente ("legge di velocità" della reazione):

$$velocità = k \bullet [A]^m \bullet [B]^n \tag{II.1}$$

dove:

- velocità=velocità di avanzamento della reazione [(mol/L)/s]

- k=costante di velocità della reazione;

- [A]=concentrazione del reagente A [mol/L];

- [B]=concentrazione del reagente B [mol/L];

- m,n=coefficienti sperimentali.

Le unità di misura della costante di velocità k sono tali per cui, dati i valori sperimentali degli esponenti m,n per la reazione in esame, il valore risultante per la velocità di reazione sia espresso in [(mol/L)/s].

Si è osservato sperimentalmente che le variazioni della temperatura comportano una modifica del valore della costante di velocità k e, quindi, della velocità di reazione. L'entità di tale modifica dipende, oltre che dal valore della variazione di temperatura, dalla grandezza dell'energia di attivazione richiesta perché avvenga la reazione in oggetto.

Il legame tra la costante di velocità, l'energia di attivazione e la temperatura è espresso dall'equazione (II.2), detta "equazione di Arrhenius":

$$k = C \bullet \exp[-E_a /(R \bullet T)] \tag{II.2}$$

dove è:

- k=costante di velocità della reazione;

- C=fattore di frequenza;

- R=costante universale dei gas, espressa in unità energetiche:

$$R = 8.314 \left[\frac{J}{mol \bullet K} \right]$$

- T=temperatura assoluta [K];

Parte II
Modello di vita "multi-stress" dei componenti di un sistema elettrico
in presenza di distorsione armonica

- E_a=energia di attivazione della reazione [J/mol].

Le unità di misura del fattore di frequenza C (che altro non è che una costante di proporzionalità di natura sperimentale) sono le medesime della costante di velocità k, cioè sono tali per cui, una volta determinati gli esponenti sperimentali m,n nella (II.1), le unità di misura risultanti per la velocità di reazione siano [(mol/L)/s].

Sulla base di quanto appena detto in termini generali, si capisce che la velocità di degrado di un materiale isolante per fenomeni ossidativi è direttamente proporzionale al valore della costante di velocità (k) della reazione di ossido-riduzione dell'isolante stesso. Pertanto, grazie all'equazione di Arrhenius, si può scrivere che l'invecchiamento del generico materiale dielettrico segue la legge:

$$invecchiamento = C' \bullet \exp[-E_a /(R \bullet T)] \qquad (II.3)$$

dove C' è un'opportuna costante di proporzionalità e gli altri simboli hanno significato ormai noto.

La durata di vita utile dell'isolante (e, quindi, del componente al quale esso appartiene) è naturalmente inversamente proporzionale alla sua velocità di invecchiamento, perciò si può esprimere come:

$$L = C'' \bullet \exp[E_a /(R \bullet T)] \qquad (II.4)$$

dove L indica la durata di vita utile del dielettrico, C'' è un'opportuna costante di proporzionalità e gli altri simboli utilizzati hanno il significato spiegato in precedenza.

Dalla relazione (II.4) si deduce il risultato fondamentale che la durata di vita utile del componente è inversamente correlata alla sua temperatura di funzionamento.

Per calcolare la temperatura di esercizio dei componenti di un sistema elettrico considerati in questo lavoro (cavi, condensatori, motori ad induzione e trasformatori) in condizioni di funzionamento generali, cioè in presenza di distorsione armonica, occorre utilizzare i modelli termici appropriati, che sono stati messi a punto nella sezione I.

E' noto, infatti, che la presenza di distorsione armonica produce un aumento dello stress termico agente sui componenti del sistema elettrico, a causa del fatto che essa determina un aumento delle perdite che si verificano nei componenti stessi rispetto a quelle che si avrebbero se essi fossero tenuti in esercizio in condizioni perfettamente sinusoidali (a parità di valore efficace della fondamentale di tensione agente sul componente in presenza di distorsione e di valore efficace della tensione sinusoidale).

Oltre alla sollecitazione di natura termica, i componenti di un sistema elettrico durante il loro esercizio sono sottoposti anche all'azione del campo elettrico.

In particolare, i dielettrici che accompagnano i conduttori sono naturalmente destinati a sopportare una sollecitazione dovuta al campo elettrico agente su di essi ed è a tale sollecitazione che si attribuisce il nome di "stress elettrico".

Lo stress elettrico, al pari di quello termico, costituisce un motivo di degrado delle proprietà dielettriche del materiale isolante e, pertanto, un motivo di invecchiamento del componente del quale l'isolamento in oggetto è parte integrante.

Tale invecchiamento sarà tanto più rapido quanto più intensa è la sollecitazione di tipo elettrico in questione e ciò equivale a dire che la vita utile del componente generico del sistema elettrico sarà inversamente correlata con l'intensità del campo elettrico agente sull'isolante contenuto nel componente stesso.

Sia nel caso di isolanti in fase solida che in fase liquida che in fase gassosa, l'applicazione di un campo elettrico provoca nel materiale dielettrico dei fenomeni di polarizzazione (per orientamento oppure per deformazione) ed a questa polarizzazione non si accompagna una conduzione vera e propria fino a quando il valore di campo elettrico applicato non supera il valore di rigidità dielettrica tipico del materiale isolante in questione.

Può accadere, però, che picchi di tensione particolarmente intensi provochino dei fenomeni di ionizzazione nel materiale isolante e questa ionizzazione, anche se non si traduce necessariamente in una perforazione del dielettrico, comporta un abbassamento della rigidità dielettrica del materiale stesso, cioè un degrado irreversibile delle sue proprietà. Questo spiega l'effetto di invecchiamento causato dallo stress elettrico.

La presenza di distorsione armonica accelera l'invecchiamento dei componenti per stress elettrico, in quanto porta inevitabilmente ad una sovratensione.

In presenza di armoniche nel sistema elettrico di alimentazione, infatti, la deformazione della tensione rende possibile la presenza di picchi della tensione stessa di intensità anche molto elevata ed essi provocano in ogni caso una sollecitazione elettrica più intensa della nominale e, pertanto, un'accelerazione nel processo di degrado

Parte II
Modello di vita "multi-stress" dei componenti di un sistema elettrico
in presenza di distorsione armonica

dell'isolante rispetto al suo decorso nominale. Al limite, tali picchi di tensione possono anche essere talmente elevati da provocare la perforazione immediata del dielettrico.

Da quanto osservato, quindi, emerge come sia significativa la considerazione dello stress elettrico, in particolare nel caso dei condensatori.

In base alle considerazioni precedentemente espresse, è chiaro che l'invecchiamento dei materiali isolanti (e, con essi, dei componenti principali di un sistema elettrico) è legato essenzialmente alla sollecitazione di natura termica ed alla sollecitazione di natura elettrica ed esse sono più accentuate se le condizioni di esercizio del sistema sono caratterizzate dalla presenza di armoniche.

In realtà, è evidente che lo stress termico e lo stress elettrico agiscono sul generico componente in maniera simultanea ed allora la perdita di vita che si deve prevedere per il componente in questione sarà sicuramente superiore a quella prevedibile considerando il solo stress termico oppure considerando il solo stress elettrico.

Per la valutazione della vita utile di un componente, perciò, non è corretto considerare unicamente la relazione (II.4), che si riferisce al caso in cui su di esso agisca esclusivamente la sollecitazione termica, ma bisogna fare uso di relazioni più sofisticate, che tengano conto sia dello stress termico che di quello elettrico ("stress combinato").

Questo problema viene esaminato nel paragrafo seguente.

8.2 VALUTAZIONE DETERMINISTICA DELLA RIDUZIONE DI VITA DEI COMPONENTI DI UN SISTEMA ELETTRICO

La valutazione della riduzione della vita utile dei principali componenti di un sistema elettrico (cavi, condensatori, motori asincroni e trasformatori) in presenza di distorsione armonica viene condotta con riferimento alla sollecitazione combinata di tipo elettro-termico.

Nel presente paragrafo questo problema viene affrontato su base deterministica al fine di costruire in maniera agevole un modello di vita mentre nel paragrafo successivo si farà riferimento ad un approccio probabilistico, che meglio si adatta alla natura intrinseca del problema stesso.

In condizioni di esercizio sinusoidali, la vita utile di un materiale isolante generico sottoposto all'azione contemporanea della sollecitazione termica e della sollecitazione elettrica si può esprimere per mezzo della relazione seguente:

$$L(E,\theta) = L_0(E_0,\theta_0) \bullet$$

$$\bullet \left(\frac{E}{E_0}\right)^{-[n_0 - b \cdot (1/\theta_0 - 1/\theta)]} \bullet \exp[-B \bullet (1/\theta_0 - 1/\theta)] \qquad \text{(II.5)}$$

dove i simboli indicano:

- L=durata di vita utile del materiale isolante [h];

- L_0=durata di vita utile del dielettrico assunta come valore di riferimento [h];

- E=valore efficace di campo elettrico agente sull'isolamento [V];

- E_0=valore efficace di campo elettrico agente sull'isolamento assunto come riferimento [V];

- θ=temperatura assoluta di esercizio [K];

- θ_0=valore di temperatura assoluta assunto come riferimento e di solito pari al valore della temperatura ambiente [K];

- n_0=coefficiente numerico che esprime la resistenza del materiale isolante alla sollecitazione elettrica, detto VEC ("Voltage Endurance Coefficient");

- b=coefficiente numerico che tiene conto dell'azione sinergica dello stress elettrico e dello stress termico [K];

- B=coefficiente numerico proporzionale all'energia di attivazione della reazione di ossidazione del dielettrico causata dallo stress termico [K].

I parametri n_0 e B sono caratteristici del materiale isolante in esame ed esprimono la sua resistenza alla sollecitazione elettrica ed alla sollecitazione termica rispettivamente. Ad alti valori di n_0 corrisponde una buona resistenza alla sollecitazione di tensione ed analogamente alti valori di B indicano un'elevata resistenza alla sollecitazione termica.

Nella (II.5) le grandezze L_0, E_0, n_0, θ_0, b e B sono costanti il cui valore è da ritenersi assegnato. Questo vuol dire, in altre parole, che le suddette grandezze sono esogene rispetto al modello in esame.

In particolare, il valore di θ_0 è pari alla temperatura ambiente su scala assoluta mentre il valore di E_0 è quello del campo elettrico che insiste sull'isolamento in condizioni di esercizio nominali.

Parte II
Modello di vita "multi-stress" dei componenti di un sistema elettrico
in presenza di distorsione armonica

Per quanto riguarda i valori da assegnare ai parametri esogeni L_0, n_0, b e B, poi, essi sono determinati per mezzo di test di vita accelerati condotti in laboratorio.

Come già detto, la relazione (II.5) si riferisce al caso in cui l'esercizio dei componenti avvenga in presenza di un'alimentazione perfettamente sinusoidale ma nel paragrafo precedente è stato sottolineato che la presenza di distorsione sul sistema elettrico di alimentazione costituisce un motivo di inasprimento delle sollecitazioni elettrica e termica e, pertanto, provoca una diminuzione di vita utile più rilevante rispetto a quella che si avrebbe in condizioni di perfetta sinusoidalità.

Per tener conto degli effetti termici ed elettrici delle armoniche sulla durata di vita degli isolamenti, occorre modificare la relazione (II.5) nella maniera di seguito esposta.

Si definisce "fattore di picco" (K_p) il rapporto tra il valore di picco della tensione di alimentazione distorta (V_p) ed il valore di picco della prima armonica della tensione distorta stessa, coincidente con la tensione di alimentazione sinusoidale nominale (V_{1p}):

$$K_p = \frac{V_p}{V_{1p}} \qquad\qquad (II.6)$$

Si definisce "fattore del valore efficace" (K_{rms}) il rapporto tra il valore efficace della tensione di alimentazione distorta (V_{rms}) ed il valore efficace della fondamentale della tensione distorta stessa, coincidente con la tensione di alimentazione sinusoidale nominale (V_{1rms}):

$$K_{rms} = \frac{V_{rms}}{V_{1rms}} \qquad\qquad (II.7)$$

Si definisce, infine, "fattore di forma" il parametro seguente:

$$K_f = \sqrt{\sum_{h=1}^{h_{max}} h^2 \cdot \left(\frac{V_h}{V_1}\right)^2} \qquad\qquad (II.8)$$

dove è:

- V_h=valore efficace dell'h-esima armonica di tensione di alimentazione [V];

- V_1=valore efficace della fondamentale di tensione di alimentazione [V].

I parametri K_p, K_{rms} e K_f appena definiti sono adimensionali ed è evidente che nel caso in cui la tensione di alimentazione sia quella sinusoidale nominale è:

$$K_p = K_{rms} = K_f = 1.$$

Nell'ipotesi di trascurare l'interazione tra i fenomeni di degrado termico ed i fenomeni di degrado elettrico che contemporaneamente hanno luogo nel materiale isolante, in condizioni di esercizio non sinusoidali la formula (II.5) viene sostituita dalla seguente:

$$L = L_0' \bullet K_p^{-n_p} \bullet K_f^{-n_f} \bullet K_{rms}^{-n_{rms}} \bullet \exp\left[-B \bullet \left(1/\theta_0 - 1/\theta\right)\right] \qquad (II.9)$$

dove:

- L=durata di vita utile dell'isolamento in condizioni di alimentazione distorta [h];

- L_0'=durata di vita utile dell'isolante in condizioni di alimentazione sinusoidale nominale e di temperatura di riferimento [h];

- n_p=coefficiente che tiene conto dell'influenza del valore di picco della tensione distorta sui fenomeni di invecchiamento;

- n_{rms}=coefficiente che valuta l'influenza che ha il valore efficace della tensione distorta sui fenomeni di invecchiamento;

- n_f=coefficiente che tiene conto dell'influenza della forma d'onda della tensione distorta sul degrado del materiale isolante.

E' chiaro che quanto più sono elevati i valori dei coefficienti n_p, n_{rms} e n_f tanto più sono importanti nella valutazione della perdita di vita dell'isolamento le corrispondenti caratteristiche della tensione di alimentazione distorta.

L'ipotesi alla base della (II.9), cioè l'ipotesi di poter trascurare l'interazione tra stress termico e stress elettrico, è stata suffragata da esperimenti di laboratorio i cui risultati, riportati in letteratura, hanno evidenziato come questa sinergia sia certamente reale ma comunque ampiamente trascurabile.

Parte II
Modello di vita "multi-stress" dei componenti di un sistema elettrico
in presenza di distorsione armonica

Sempre per mezzo di sperimentazioni, è stato mostrato che fra i tre coefficienti n_p, n_f ed n_{rms} quello che ha di solito il valore significativamente più alto è n_p, quindi tra le caratteristiche della tensione distorta quella più importante nel processo di invecchiamento è il valore di picco.

In base a quest'osservazione, allora, nella (II.9) si può ignorare con accettabile approssimazione il ruolo del fattore del valore efficace ed il ruolo del fattore di forma, ottenendo così l'espressione semplificata:

$$L \cong L_0' \bullet K_p^{-n_p} \bullet \exp[-B \bullet (1/\theta_0 - 1/\theta)] \qquad (II.10)$$

A volte è utile modificare opportunamente la (II.10) per esprimere la vita utile dei componenti in regime non sinusoidale in funzione di grandezze che caratterizzano le condizioni di esercizio sinusoidali nominali dei componenti stessi.

A tal proposito, per evidenziare l'entità della sovratemperatura che si ha in presenza di armoniche rispetto alle condizioni nominali di esercizio, la relazione (II.10) si può riscrivere ponendo:

$$\frac{1}{\theta_0} - \frac{1}{\theta} = \left(\frac{1}{\theta_0} - \frac{1}{\theta_n}\right) + \left(\frac{1}{\theta_n} - \frac{1}{\theta}\right) \qquad (II.11)$$

dove:

- θ=temperatura assoluta di esercizio in presenza di armoniche [K];

- θ_n=temperatura assoluta di esercizio in condizioni sinusoidali nominali [K];

- θ_0=temperatura ambiente su scala assoluta [K].

Con la posizione precedente, la relazione (II.10) si riscrive come:

$$L \cong L_0' \bullet K_p^{-n_p} \bullet$$
$$\bullet \exp[-B \bullet (1/\theta_0 - 1/\theta_n)] \bullet \exp[-B \bullet (1/\theta_n - 1/\theta)] \qquad (II.12)$$

Poiché la durata di vita utile dell'isolamento in condizioni di esercizio sinusoidali nominali (L_S) è data da ($K_p=1$, $\theta=\theta_n$):

$$L_S = L_0' \bullet \exp[-B \bullet (1/\theta_0 - 1/\theta_n)] \qquad (II.13)$$

la relazione (II.12) si può riscrivere nel modo seguente:

$$L \cong L_S \bullet K_p^{-n_p} \bullet \exp\left[-B \bullet \left(1/\theta_n - 1/\theta\right)\right] \tag{II.14}$$

con ovvio significato dei simboli.

La relazione (II.14) esprime in modo chiaro che la durata di vita utile dell'isolamento è inversamente correlata al valore del fattore di picco (K_p) ed all'entità della sovratemperatura che si ha in condizioni di alimentazione distorta rispetto al caso di alimentazione sinusoidale nominale ($\theta-\theta_n$).

Per meglio evidenziare quanto appena detto si può riscrivere la (II.14) nella forma equivalente che segue:

$$L \cong L_S \bullet \frac{1}{K_p^{n_p}} \bullet \frac{1}{e^{B \bullet \left(\frac{\theta - \theta_n}{\theta \cdot \theta_n}\right)}} \tag{II.15}$$

E' importante osservare che la temperatura che viene considerata nel modello di vita qui proposto è sempre da intendersi come quella del punto più caldo del materiale isolante una volta che questo abbia raggiunto il regime termico.

Ciò vuol dire che θ indica la temperatura di regime termico del punto più caldo del dielettrico in condizioni di esercizio non sinusoidale ed analogamente θ_n indica la temperatura di regime termico del punto più caldo dell'isolante in esercizio sinusoidale nominale.

8.3 VALUTAZIONE PROBABILISTICA DELLA RIDUZIONE DI VITA DEI COMPONENTI DI UN SISTEMA ELETTRICO

Nel paragrafo precedente sono state fornite le espressioni per il calcolo della vita utile dei componenti di un sistema elettrico nel caso in cui nel sistema stesso siano presenti problemi di distorsione della tensione.

Osservando le relazioni (II.10) e (II.14), si nota che in esse le variabili che determinano la vita utile del componente in esame sono costituite dal fattore di picco (K_p) e dal valore della temperatura assoluta di regime termico del punto più caldo dell'isolamento in condizioni operative non sinusoidali (θ).

Per il calcolo di θ nel caso generale in cui il sistema elettrico di alimentazione sia interessato dalla presenza di inquinamento armonico sono state fornite opportune relazioni, valide per ciascun tipo di componente, nella sezione I. In queste relazioni, le variabili indipendenti sono

Parte II
Modello di vita "multi-stress" dei componenti di un sistema elettrico
in presenza di distorsione armonica

costituite dai valori efficaci delle armoniche di tensione (V_h) e delle armoniche di corrente (I_h) che interessano il componente.

Per poter calcolare K_p, invece, è necessario conoscere il valore di picco dell'onda di tensione di alimentazione distorta (V_p).

Da quanto appena detto, allora, emerge la necessità di conoscere i valori efficaci delle armoniche di tensione e di corrente ed il valore di picco della tensione che interessano i componenti connessi sulla rete, cioè diventa necessario conoscere esattamente il contenuto armonico della rete stessa.

Come noto, però, le armoniche sono dovute essenzialmente alla presenza sul sistema elettrico di alimentazione di sorgenti di distorsione costituite da apparecchi utilizzatori con caratteristica tensione-corrente non lineare e sono soggette a variare nel tempo in base alle condizioni di funzionamento dei singoli apparecchi che le generano ed in base al numero di tali apparecchi che sono attivi in ogni momento.

Poiché non è possibile conoscere "a priori" il numero di apparecchi distorcenti in funzionamento istante per istante sulla rete né il loro livello di utilizzo, l'approccio che è razionalmente più corretto seguire per la valutazione del contenuto armonico del sistema elettrico di alimentazione è evidentemente quello probabilistico piuttosto che quello deterministico.

In altre parole, nell'analisi dei problemi relativi alla presenza di distorsione armonica in un sistema elettrico, occorre tener conto del fatto che le armoniche prodotte da molti tipi di carichi non lineari, ad esempio convertitori elettronici oppure "static var systems" (S.V.S.), sono caratterizzate da una variabilità casuale per via delle fluttuazioni del punto di lavoro dei dispositivi non lineari stessi.

Anche nella considerazione dei carichi distorcenti di piccola potenza funzionanti in corrispondenza di un punto di lavoro fisso, come ad esempio apparecchi televisivi, lampade fluorescenti e molte apparecchiature elettroniche domestiche e da ufficio, si deve tener conto del fatto che il loro contributo al contenuto armonico della rete è caratterizzato da variabilità casuale. Essi, infatti, sono presenti nel sistema elettrico in numero elevato ed il loro inserimento oppure disinserimento non è prevedibile in maniera deterministica.

Da quanto osservato si deduce che la valutazione della perdita di vita dei componenti di un sistema elettrico in presenza di distorsione armonica deve essere condotta in modo probabilistico, pertanto i ragionamenti svolti nel paragrafo precedente, validi in campo deterministico, vanno traslati in campo probabilistico, così come indicato nel seguito.

Considerando un qualunque componente, le sue condizioni di esercizio in generale varieranno nel tempo e si può supporre che tale variazione avvenga in maniera approssimativamente discreta, in modo tale che il periodo di tempo durante il quale si esamina il componente (di durata pari a T_c) possa essere considerato come la somma di più sottoperiodi (i=1,2,...,q) in ciascuno dei quali il valore di picco della tensione di alimentazione (e, quindi, il valore del fattore di picco) e la temperatura del punto caldo sono costanti. Questa schematizzazione è indicata nella figura II-1.

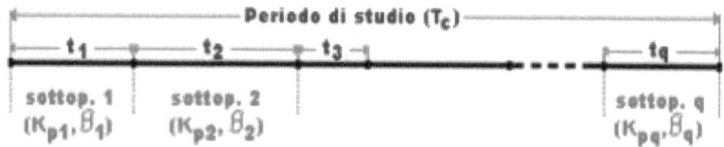

Figura II-1
Suddivisione del periodo di studio di un generico componente in sottoperiodi

Si indica con ti la durata dell'i-esimo periodo elementare ed in modo analogo K_{pi} e θ_i indicano rispettivamente il valore del fattore di picco ed il valore della temperatura del punto più caldo dell'isolamento nell'i-esimo intervallo di tempo.

Durante il generico periodo di tempo elementare, la vita utile del componente subisce una riduzione dipendente dalle condizioni di esercizio; tale riduzione si può esprimere, in ambito deterministico come:

$$\Delta R_{Li} = \frac{t_i}{L\left(K_{pi}, \theta_i\right)} \qquad (II.16)$$

dove è:

Parte II
Modello di vita "multi-stress" dei componenti di un sistema elettrico
in presenza di distorsione armonica

- ΔR_{Li}=riduzione della vita utile del componente nell'intervallo di tempo i-esimo;

- t_i=durata dell'i-esimo intervallo di tempo elementare [h];

- $L(K_{pi}, \theta_i)$=durata di vita del componente se il valore del fattore di picco fosse costantemente pari a K_{pi} ed il valore della temperatura del punto più caldo fosse costantemente pari a θ_i [h].

Poiché il periodo di tempo durante il quale si intende studiare il componente (di durata T_c) è composto di q intervalli di tempo elementari, la riduzione totale della vita del componente durante tale periodo (ΔR_L) sarà data da:

$$\Delta R_L = \sum_{i=1}^{q} \Delta R_{Li} = \sum_{i=1}^{q} \frac{t_i}{L(K_{pi}, \theta_i)} \qquad (\text{II}.17)$$

con ovvio significato dei simboli.

In generale, nel corso di un singolo periodo di studio il componente non esaurirà il suo tempo di vita totale. Questo, infatti, avverrà quando la somma delle perdite di vita relative a più periodi di studio successivi (il generico j-esimo periodo di studio abbia durata pari a T_{cj}) sarà uguale all'unità:

$$\sum_{j} \Delta R_{Lj} = 1 \qquad (\text{II}.18)$$

Come detto in precedenza, però, non è possibile conoscere in maniera deterministica i valori K_{pi} e θ_i nei vari intervalli di tempo elementari ed allora bisogna ricorrere ad una caratterizzazione statistica del problema.

In questo contesto, il fattore di picco e la temperatura del punto caldo nel generico intervallo di tempo sono delle variabili casuali, quindi la durata di vita $L(K_{pi}, \theta_i)$ è una funzione di due variabili aleatorie e la riduzione frazionaria di vita ΔR_L durante il periodo di studio di durata T_c non potrà essere conosciuta come un valore esatto in termini deterministici ma solo come un valore atteso in termini probabilistici.

Dalla (II.17), allora, si deduce che il valore atteso di ΔR_L si esprime come:

$$E[\Delta R_L] = T_c \bullet \int\limits_{D_\theta} \int\limits_{D_{K_p}} \frac{f_{K_p\theta}}{L(K_p,\theta)} dK_p d\theta \qquad (\text{II.19})$$

dove:

- $E[\Delta R_L]$=valore atteso della riduzione della vita utile del componente durante il periodo di studio;

- T_c=durata del periodo di studio [h];

- $f_{Kp\theta}$=funzione di densità di probabilità congiunta del fattore di picco e della temperatura del punto caldo dell'isolamento;

- $L(K_p,\theta)$=funzione della durata di vita utile dell'isolante [h];

- D_θ=intervallo di variazione di θ;

- D_{Kp}=intervallo di variazione di Kp.

Tenendo conto della (II.10), la (II.19) si particolarizza come:

$$E[\Delta R_L] = T_c \bullet$$

$$\bullet \int\limits_{D_\theta} \int\limits_{D_{K_p}} \frac{f_{K_p\theta}}{L_0' \bullet K_p^{-n_p} \bullet \exp[-B \bullet (1/\theta_0 - 1/\theta)]} dK_p d\theta \qquad (\text{II.20})$$

mentre, tenendo conto della (II.14), la (II.19) diventa:

$$E[\Delta R_L] = T_c \bullet$$

$$\bullet \int\limits_{D_\theta} \int\limits_{D_{K_p}} \frac{f_{K_p\theta}}{L_S \bullet K_p^{-n_p} \bullet \exp[-B \bullet (1/\theta_n - 1/\theta)]} dK_p d\theta \qquad (\text{II.21})$$

con evidente significato dei simboli.

Per quanto l'approccio probabilistico sia il più idoneo dal punto di vista teorico per la valutazione di tutti i problemi di inquinamento armonico, a causa dell'intrinseca natura aleatoria della distorsione armonica presente in un sistema elettrico, esso pone comunque un insieme di difficoltà dal punto di vista della pratica applicazione.

E' infatti evidente che nelle relazioni (II.20) e (II.21) compare la funzione di densità di probabilità congiunta delle variabili casuali K_p e θ ($f_{Kp\theta}$) ed essa in generale non è nota,

Parte II
Modello di vita "multi-stress" dei componenti di un sistema elettrico
in presenza di distorsione armonica

in quanto la sua conoscenza analitica presupporrebbe la completa caratterizzazione statistica delle due variabili aleatorie e della loro correlazione (in generale, infatti, K_p e θ non saranno tra loro indipendenti bensì dipendenti).

Una semplificazione al problema, allora, può essere costituita dal fatto di accettare l'approssimazione consistente nel supporre che le variabili aleatorie K_p e θ siano tra loro indipendenti, il che implica che la funzione di densità di probabilità congiunta diventa uguale al prodotto delle funzioni di densità di probabilità delle singole variabili:

$$f_{K_p\theta} = f_{K_p} \bullet f_\theta \qquad\qquad (II.22)$$

Un'ulteriore difficoltà, poi, è costituita dalla valutazione del fattore di picco. Al contrario di θ, della quale sono state messe a punto opportune espressioni analitiche in forma chiusa nella sezione I, per la valutazione del fattore di picco non si può usare un relazione analitica.

L'espressione analitica del valore di picco di un'onda di tensione non sinusoidale, infatti, si ottiene dallo sviluppo in serie di Fourier della tensione stessa ed è data da:

$$V_p = \max_t[v(t)] = \max_t\left[\sum_{h=1}^{h_{max}} \sqrt{2} \bullet V_h \bullet \cos(h\cdot\omega\cdot t + \varphi_h)\right] \qquad (II.23)$$

Purtroppo, però, non esiste una formulazione matematica che consenta di esprimere questo massimo in forma chiusa e questo è essenzialmente dovuto al fatto che la variabilità degli angoli di fase φ_h con l'ordine di armonica h non è nota.

In altre parole, il problema è costituito dal fatto che i picchi delle singole armoniche dell'onda di tensione si verificano in generale in istanti diversi l'uno dall'altro e non è possibile sapere esattamente quando perché non è noto lo sfasamento delle singole armoniche.

Per cercare di risolvere in maniera approssimativa e cautelativa questo problema, si può pensare di mettersi nelle condizioni più gravose possibili, cioè nel caso in cui tutte le armoniche raggiungano il loro valore massimo nello stesso istante.

In questa situazione del tutto particolare, il valore di picco dell'onda di tensione corrisponde a quello più elevato possibile, dato dalla somma algebrica dei valori massimi delle singole armoniche:

$$V_p^{max} = \sum_{h=1}^{h_{max}} \sqrt{2} \bullet V_h \qquad \qquad \text{(II.24)}$$

La relazione (II.24) consente di sovrastimare il valore di picco della tensione ma questa stima corre il rischio di essere eccessiva, determinando così una valutazione esagerata dello stress elettrico ed una conseguente previsione troppo pessimistica della riduzione di vita utile dei componenti.

Notevoli difficoltà, poi, sono legate al fatto che le sorgenti di inquinamento armonico attive su una generica rete elettrica sono molteplici e sono distribuite in più punti della rete stessa.

Se si avessero più sorgenti di distorsione concentrate in un unico nodo del sistema elettrico di alimentazione ci sarebbe il solo problema di comporre vettorialmente le armoniche emesse dalle singole sorgenti e questo ricondurrebbe al problema della conoscenza delle fasi delle singole armoniche.

Nel caso più generale, in cui i carichi distorcenti sono delocalizzati in vari punti della rete, poi, alla difficoltà sopra citata si aggiunge il fatto che allo sfasamento intrinseco delle armoniche all'atto della loro generazione da parte delle varie sorgenti si aggiunge un ulteriore sfasamento dovuto alle fasi delle impedenze di linea e questo complica ulteriormente la situazione.

Le problematiche appena descritte possono essere superate ricorrendo ad un approccio numerico al problema; tale approccio consiste nell'applicazione del metodo "Monte Carlo".

Considerando ad esempio il caso in cui i carichi distorcenti siano costituiti da convertitori elettronici a S.C.R., la simulazione "Monte Carlo" prevede la generazione di un elevato numero di valori casuali della grandezza aleatoria di ingresso, cioè dell'angolo di ritardo all'accensione dei convertitori, in modo tale che questi valori rispecchino una certa funzione di densità di probabilità, ad esempio una densità di probabilità uniforme. In corrispondenza di ciascuno di tali valori vengono determinate le correnti iniettate in rete dai convertitori stessi, le armoniche di tensione ed i fattori di picco nei nodi della rete, supponendo che alla fondamentale la rete si trovi nelle condizioni nominali. Per ciascuna delle sollecitazioni armoniche così ottenute si procede alla valutazione della riduzione di vita dei componenti e, calcolando il valore medio delle riduzioni

Parte II
Modello di vita "multi-stress" dei componenti di un sistema elettrico
in presenza di distorsione armonica

di vita determinate con tale procedimento, se ne ricava il valore atteso.

Il procedimento "Monte Carlo" appena descritto viene schematizzato nella figura II-2.

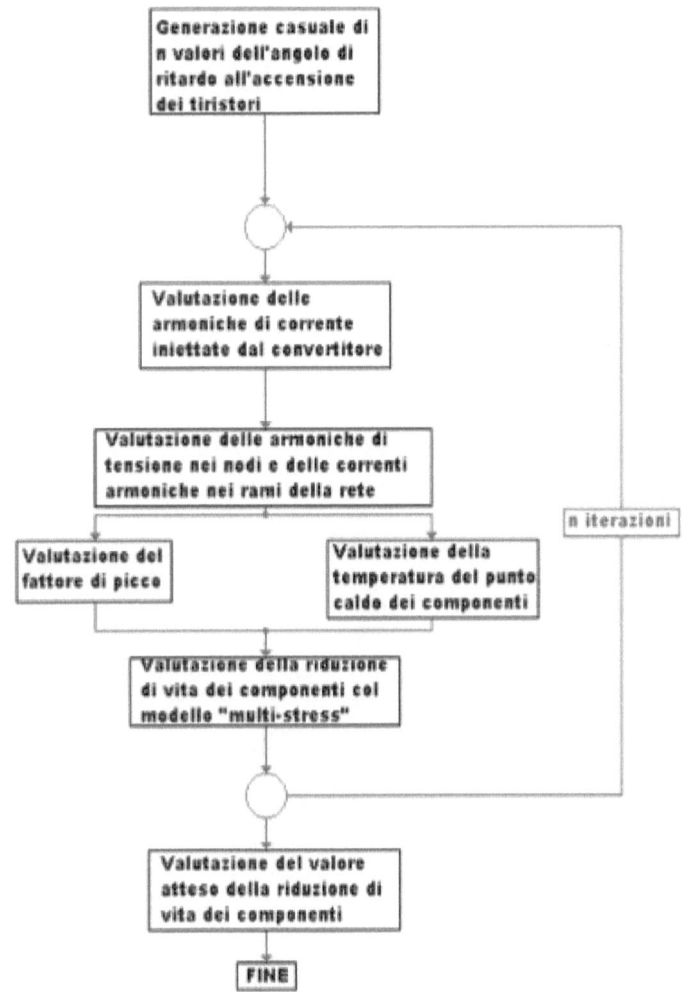

Figura II-2
Grafo di flusso relativo all'applicazione del metodo "Monte Carlo"

Appunti ed osservazioni

PARTE III

APPLICAZIONI

Appunti ed osservazioni

9

SOMMARIO DELLA PARTE III

In un qualunque sistema elettrico industriale sono presenti di solito componenti quali motori asincroni, trasformatori, condensatori e cavi, il cui comportamento termico è variabile in funzione delle condizioni di esercizio del sistema stesso. In particolare, si è visto nella parte I del volume che la temperatura del punto più caldo di tali componenti varia al variare del contenuto armonico della tensione di alimentazione ed è pertanto necessario disporre di modelli opportuni che consentano di valutare correttamente tale temperatura in presenza di distorsione sulla rete di alimentazione, modelli che sono stati appunto presentati nella sezione I medesima.

Nella parte II, poi, è stato sviluppato un modello di vita di tipo elettro-termico, cioè una formulazione matematica che consente di stimare la durata di vita prevedibile per un componente, sia esso un motore, un condensatore, un trasformatore oppure un cavo, in funzione della temperatura massima che esso raggiunge ("stress termico") e del valore massimo di tensione che sollecita il componente stesso ("stress elettrico") durante il suo esercizio.

In questa sezione del volume, si vuole mostrare in che modo è possibile applicare concretamente i modelli sviluppati nei capitoli precedenti al fine di giungere alla determinazione del valore atteso della vita dei componenti di un generico sistema elettrico industriale.

Appunti ed osservazioni

10

DESCRIZIONE DEL SISTEMA ELETTRICO IN ESAME

Al fine di fornire un esempio di applicazione dei modelli proposti nelle sezioni precedenti e dei metodi di calcolo che verranno illustrati nella presente parte del volume, si prende in esame un sistema elettrico industriale di tipo del tutto generale.

In tale sistema, riportato in figura III-1, sono presenti due trasformatori di alimentazione connessi in parallelo, due carichi non lineari costituiti da convertitori elettronici a S.C.R. a sei pulsazioni collegati in nodi diversi della rete, un impianto di rifasamento centralizzato regolabile comprendente otto condensatori, numerosi motori asincroni e cavi di collegamento.

In particolare, i motori asincroni considerati sono di due taglie differenti: il motore M1 di potenza nominale 110 kW ed il motore M2 di potenza nominale 11 kW.

Questo sistema elettrico verrà analizzato con riferimento ad un periodo di esercizio di durata pari a 40 anni e, poiché le condizioni di carico del sistema stesso saranno in generale variabili nel tempo, si supporrà a titolo puramente esemplificativo che nell'arco di un anno qualunque il sistema possa essere esercito in differenti maniere.

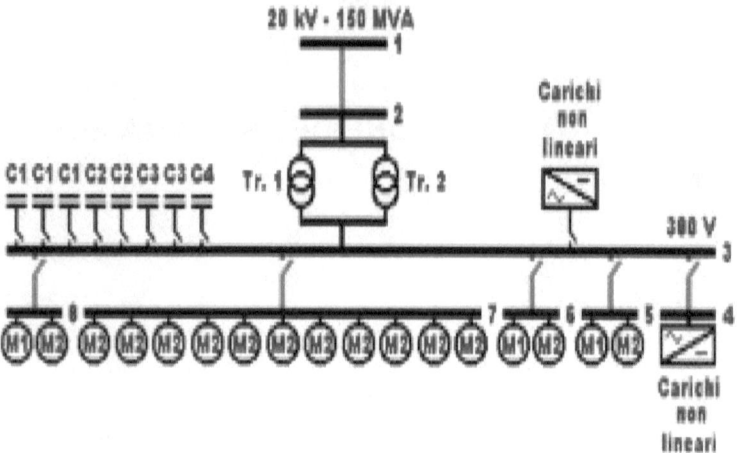

Figura III-1
Schema unifilare del sistema elettrico industriale in esame

Più in particolare, si riterrà che durante ciascun anno si verifichino le seguenti tre configurazioni:

➢ configurazione 1: viene alimentata unicamente la sbarra numero 6 (un motore di tipo M1 ed uno di tipo M2);

➢ configurazione 2: vengono alimentate soltanto le sbarre numero 5 e 7 (un motore di tipo M1 ed uno di tipo M2 sulla sbarra 5, undici motori M2 sulla sbarra 7);

➢ configurazione 3: si pongono in tensione le sbarre numero 5, 6 e 8 (un motore di tipo M1 ed uno di tipo M2 su ciascuna sbarra).

Le tre configurazioni predette sono illustrate rispettivamente nelle figure III-2, III-3 e III-4.

Si suppone, inoltre, che ciascuna configurazione abbia durata pari a 1/3 dell'anno stesso, cioè durata pari a 2920 ore.

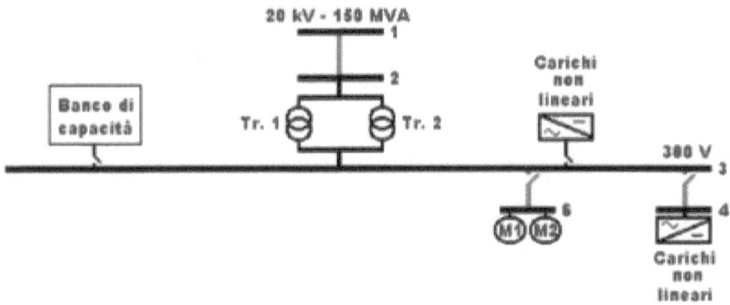

Figura III-2
Configurazione 1

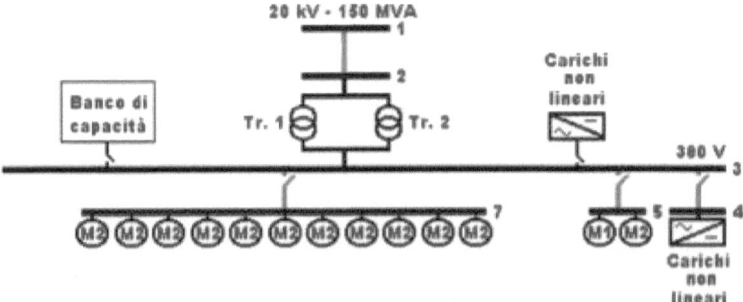

Figura III-3
Configurazione 2

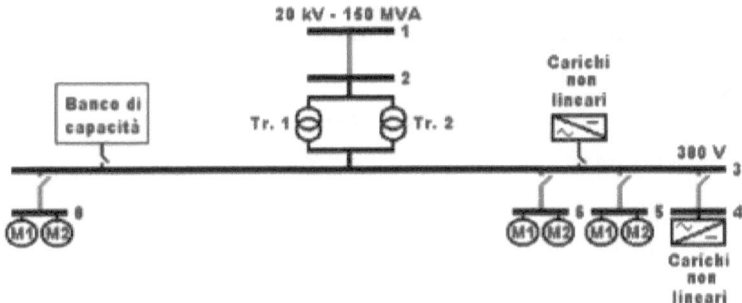

Figura III-4
Configurazione 3

Le caratteristiche tecniche dei componenti presenti nel sistema elettrico industriale in esame vengono elencate qui di seguito:

➤ Trasformatori:

• potenza nominale: 630 kVA;

• tensioni nominali: 20 kV/0.4 kV;

• tensione di corto circuito: 4%;

• perdite nel nucleo alla fondamentale: 0.21%.

➤ Motori asincroni:

◙ Motori di tipo M1:

• potenza nominale: 110 kW;

• tensione nominale: 0.380 kV;

• fattore di potenza: 0.88;

• rendimento: 0.93;

• perdite nel nucleo alla fondamentale: 1.33%.

◙ Motori di tipo M2:

• potenza nominale: 11 kW;

• tensione nominale: 0.380 kV;

• fattore di potenza: 0.84;

• rendimento:0.88;

• perdite nel nucleo alla fondamentale: 2.40%.

➤ Condensatori di rifasamento:

• potenza reattiva complessivamente installata: 225 kVAr;

• tensione nominale: 0.415 kV;

• numero di unità: 8 (3×50 kVAr (C1) + 2×25 kVAr (C2) + 2×10 kVAr (C3) + 1×5 kVAr (C4));

• fattore di perdita: $tg\delta1=tg\delta5=...=tg\delta19=0.004$.

- ➢ Cavi:
- ▣ Collegamento tra le sbarre 1 e 2:
- • sezione trasversale: 50 mm2;
- • lunghezza: 250 m;
- • materiale isolante: EPR;
- • tensione nominale: 20 kV.
- ▣ Collegamento tra le sbarre 3 e 4:
- • sezione trasversale: 300 mm2;
- • lunghezza: 30 m;
- • materiale isolante: EPR;
- • tensione nominale: 0.380 kV.
- ▣ Collegamento tra le sbarre 3 e 5, 3 e 6, 3 e 7, 3 e 8:
- • sezione trasversale: 95 mm2;
- • lunghezza: 30 m (3-5), 50 m (3-6), 100 m (3-7), 30 m (3-8);
- • materiale isolante: EPR;
- • tensione nominale: 0.380 kV.

- ➢ Carichi non lineari:
- • potenza nominale: 225 kVA;
- • tensione nominale: 0.380 kV.

Si suppone che la potenza nominale assorbita dai carichi non lineari, ossia dai convertitori inseriti sulle sbarre 3 e 4, non sia costantemente pari a 225 kVA durante i 40 anni di esercizio del sistema ma sia variabile, partendo da un valore iniziale di 225 kVA ed aumentando di 25 kVA ogni 5 anni, fino ad un valore massimo di 350 kVA. La predetta legge di variazione della potenza assorbita dai carichi non lineari è illustrata nella figura III-5.

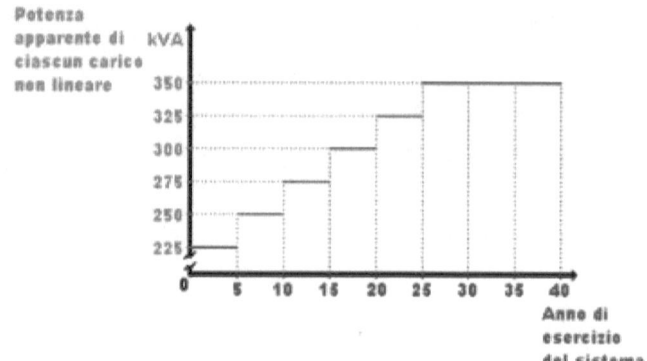

Figura III-5
Variabilità negli anni della potenza apparente di ciascun carico non lineare

Per simulare il comportamento dei convertitori (carichi non lineari) verrà utilizzato un modello presentato in Appendice.

Per quanto concerne i coefficienti empirici m_T e m_M, necessari per la valutazione delle perdite nel nucleo alle armoniche rispettivamente per i trasformatori ed i motori asincroni, per le macchine presenti nel sistema elettrico in esame si ha che tali coefficienti hanno valore pari a due.

In effetti, nelle figure III-2, III-3 e III-4 si è data una rappresentazione delle tre diverse configurazioni di carico del sistema elettrico industriale in oggetto senza fare alcun riferimento al fatto che in ciascuna di queste configurazioni saranno differenti le esigenze di potenza reattiva di rifasamento.

Per valutare correttamente quale deve essere il dimensionamento del banco di capacità regolabile in corrispondenza di ciascuna configurazione del sistema in esame, però, non basta considerare solo la variabilità dei carichi (motori asincroni) ma occorre tenere in conto anche la variabilità nel tempo della potenza assorbita dai dispositivi non lineari. E' necessario, pertanto, esaminare tutte le possibili configurazioni del sistema in esame nell'arco del periodo di esercizio di 40 anni e determinare le esigenze di potenza reattiva di rifasamento per ciascuna configurazione.

Per quanto riguarda la valutazione dell'assorbimento di potenza attiva e reattiva di ciascun motore asincrono, si applicano le note relazioni:

$$P_{nominale} = assegnata$$

$$\cos\varphi_{nominale} = assegnato \qquad \text{(III.1)}$$

$$\varphi_{nominale} = \arccos(\cos\varphi_{nominale})$$

$$Q_{nominale} = P_{nominale} \bullet tg\varphi_{nominale} \qquad \text{(III.2)}$$

nelle quali il significato dei simboli è il seguente:

- $P_{nominale}$=potenza attiva nominale assorbita dal motore [kW];

- $\cos\varphi_{nominale}$=fattore di potenza nominale del motore con riferimento all'armonica fondamentale;

- $\varphi_{nominale}$=angolo di sfasamento tra la prima armonica di tensione sul motore e la prima armonica di corrente assorbita dal motore in condizioni nominali;

- $Q_{nominale}$=potenza reattiva assorbita dal motore in condizioni nominali [kVAr].

Dall'applicazione delle formule precedenti risulta che l'assorbimento di potenza attiva e reattiva per i due tipi di motori in questione è quello di seguito indicato:

➢ motore asincrono di tipo M1:

- $P_{nominale}$= 110 kW;

- $\cos\varphi_{nominale}$= 0.88;

- $Q_{nominale}$≈ 60 kVAr;

➢ motore asincrono di tipo M2:

- $P_{nominale}$= 11 kW;

- $\cos\varphi_{nominale}$= 0.84;

- $Q_{nominale}$≈ 7.10 kVAr.

Per ciascuna delle tre configurazioni che si verificano durante un generico anno di esercizio, allora, l'assorbimento totale di potenza attiva e reattiva da parte dei motori di volta in volta in servizio sarà quello indicato nella tabella seguente:

CONFIGURAZIONE	POTENZA ATTIVA COMPLESSIVA (P_{motori})	POTENZA REATTIVA COMPLESSIVA (Q_{motori})
1	121 kW	67.1 kVAr
2	242 kW	145.26 kVAr
3	363 kW	199.3 kVAr

Tabella III-1
Potenza attiva e potenza reattiva complessivamente assorbite dai motori asincroni nelle tre configurazioni annuali del sistema in esame

Per valutare l'assorbimento di potenza attiva e di potenza reattiva da parte di ciascun gruppo di convertitori (carichi non lineari), poi, si utilizzano le relazioni seguenti:

$$S = assegnata$$

$$\cos \varphi_1 \cong \cos \alpha_{medio} \Rightarrow \varphi_1 \cong \alpha_{medio} \qquad \text{(III.3)}$$

$$P = S \bullet \cos \varphi_1 \cong S \bullet \cos \alpha_{medio} \qquad \text{(III.4)}$$

$$Q = S \bullet \sin \varphi_1 \cong S \bullet \sin \alpha_{medio} \qquad \text{(III.5)}$$

dove è:

- S=potenza apparente del convertitore [kVA];

- φ_1=angolo di sfasamento tra la prima armonica di corrente e la prima armonica di tensione sul convertitore;

- α_{medio}=valore medio dell'angolo di ritardo all'accensione dei tiristori;

- P=potenza attiva assorbita dal convertitore [kW];

- Q=potenza reattiva assorbita dal convertitore [kVAr].

Nel seguito si considererà un valore dell'angolo di ritardo all'accensione dei tiristori uniformemente variabile tra 5 gradi e 70 gradi, quindi il valore medio di tale angolo che si considera nel calcolo attuale è:

$$\alpha_{medio} = 37.5 \text{ deg}$$

e da ciò segue che le formule (III.4) e (III.5) si riscrivono come:

$$P \cong S \bullet \cos 37.5° = S \bullet 0.79 \tag{III.6}$$

$$Q \cong S \bullet \sin 37.5° = S \bullet 0.61 \tag{III.7}$$

Applicando le (III.6) e (III.7), considerando la variabilità della potenza non lineare installata così come indicato nella figura III-5 e tenendo conto del fatto che i gruppi di carichi non lineari sono due, si giunge al risultato che le potenze attiva e reattiva complessivamente richieste dai carichi non lineari durante i 40 anni di esercizio del sistema sono quelle indicate nella tabella III-2.

ANNI	POTENZA ATTIVA COMPLESSIVA ($P_{convertitori}$)	POTENZA REATTIVA COMPLESSIVA ($Q_{convertitori}$)
0-5	355.5 kW	274.5 kVAr
6-10	395 kW	305 kVAr
11-15	434.5 kW	335.5 kVAr
16-20	474 kW	366 kVAr
21-25	513.5 kW	396.5 kVAr
26-40	553 kW	427 kVAr

Tabella III-2
Potenza attiva e potenza reattiva complessivamente assorbite dai convertitori sulle sbarre 3 e 4 durante i 40 anni di esercizio del sistema

Sulla base di quanto esposto nelle tabelle III-1 e III-2, si possono determinare gli assorbimenti di potenza attiva e reattiva complessivi (cioè relativi sia ai motori asincroni che ai convertitori) in tutte le configurazioni di funzionamento del sistema durante i 40 anni di studio. Tali assorbimenti sono riportati nella tabella III-3.

ANNI	CONFIG.	ASSORBIMENTO TOTALE DI POTENZA ATTIVA ($P_{mot.}+P_{convert.}$) [kW]	ASSORBIMENTO TOTALE DI POTENZA REATTIVA ($Q_{mot.}+Q_{convert.}$) [kVAr]
	1	476.5	341.6
0-5	2	597.5	419.76
	3	718.5	473.8
	1	516	372.1
6-10	2	637	450.26
	3	758	504.3
	1	555.5	402.6
11-15	2	676.5	480.76
	3	797.5	534.8
	1	595	433.1
16-20	2	716	511.26
	3	837	565.3
	1	634.5	463.6
21-25	2	755.5	541.76
	3	876.5	595.8
	1	674	494.1
26-40	2	795	572.26
	3	916	626.3

Tabella III-3
Assorbimenti totali in ciascuna configurazione

Per determinare l'entità della potenza reattiva da installare sulla sbarra 3 allo scopo di rifasare il sistema a $\cos\varphi=0.9$ si utilizzano le note relazioni:

$$tg\varphi_{iniziale} = \frac{Q_{totale}}{P_{totale}}$$

$$\cos\varphi_{finale} = 0.9 \Rightarrow tg\varphi_{finale} = 0.48$$

$$Q^{Rif.} = P_{totale} \bullet (tg\varphi_{finale} - tg\varphi_{iniziale}) =$$
$$= P_{totale} \bullet (0.48 - tg\varphi_{iniziale})$$

(III.8)

dove il significato dei simboli è il seguente:

- Q_{totale}= assorbimento complessivo di potenza reattiva da parte dei motori asincroni e dei convertitori [kVAr];

- P_{totale}= assorbimento complessivo di potenza attiva da parte dei motori asincroni e dei convertitori [kW];

- $\varphi_{iniziale}$= angolo del fattore di potenza complessivo prima del rifasamento;

- $\cos\varphi_{finale}$= fattore di potenza complessivo desiderato dopo il rifasamento;

- $Q_{Rif.}$= potenza reattiva che è necessario installare per effettuare il rifasamento [kVAr].

Sulla base dell'applicazione della formula (III.8) in ciascuna delle 18 situazioni di esercizio riportate nella tabella III-3 e considerando che il banco di capacità disponibile è regolabile in maniera discreta, si ottiene che le necessità di potenza reattiva di rifasamento e le corrispondenti configurazioni del banco di capacità per ciascuna delle situazioni considerate sono quelle indicate nella tabella III-4.

In base a quanto riportato nelle figure III-2, III-3, III-4 e III-5 e nella tabella III-4, si può concludere che il sistema elettrico in esame, durante i 40 anni di esercizio oggetto del presente studio, può assumere 18 diverse configurazioni.

Nelle figure che seguono verranno illustrate le tre configurazioni annuali che si manifestano in ciascun gruppo di anni, tenendo conto sia della variabilità dei carichi (motori asincroni inseriti sul sistema), che della variabilità dei convertitori (carichi non lineari installati sul sistema) che della variabilità della potenza di rifasamento installata sulla sbarra 3 (condensatori di rifasamento costituenti il banco di capacità).

(C1=50 kVAr; C2=25 kVAr; C3=10 kVAr; C4=5 kVAr)

ANNI	CONFIG.	$Q_{Rif.}$ [kVAr]	CONFIGURAZIONE BANCO DI CAPACITÀ [kVAr]
	1	114.36	2xC1+1xC3+1xC4=115
0-5	2	131.45	2xC1+1xC2+1xC3=135
	3	129.33	2xC1+1xC2+1xC4=130
	1	123.84	2xC1+1xC2=125
6-10	2	146.51	3xC1=150
	3	144.02	2xC1+1xC2+2xC3=145
	1	133.32	2xC1+1xC2+1xC3=135
11-15	2	155.6	3xC1+1xC3=160
	3	151.5	3xC1+1xC4=155
	1	148.75	3xC1=150
16-20	2	164.68	3xC1+1xC3+1xC4=165
	3	167.4	3xC1+2xC3=170
	1	158.6	3xC1+1xC3=160
21-25	2	181.32	3xC1+1xC2+1xC3=185
	3	175.3	3xC1+1xC2+1xC4=180
	1	168.5	3xC1+2xC3=170
26-40	2	190.8	3xC1+1xC2+2xC3=195
	3	183.2	3xC1+1xC2+1xC3=185

Tabella III-4
Necessità di potenza di rifasamento e corrispondente configurazione del banco di capacità

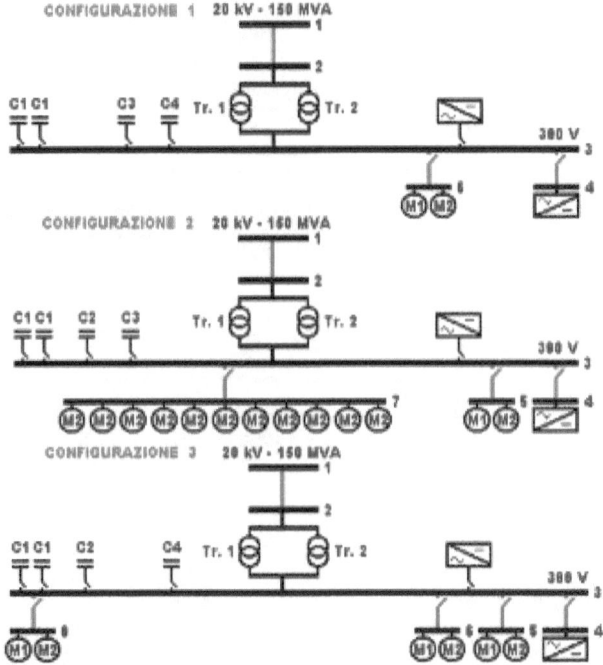

Figura III-6
Configurazioni in ciascuno degli anni da 0 a 5

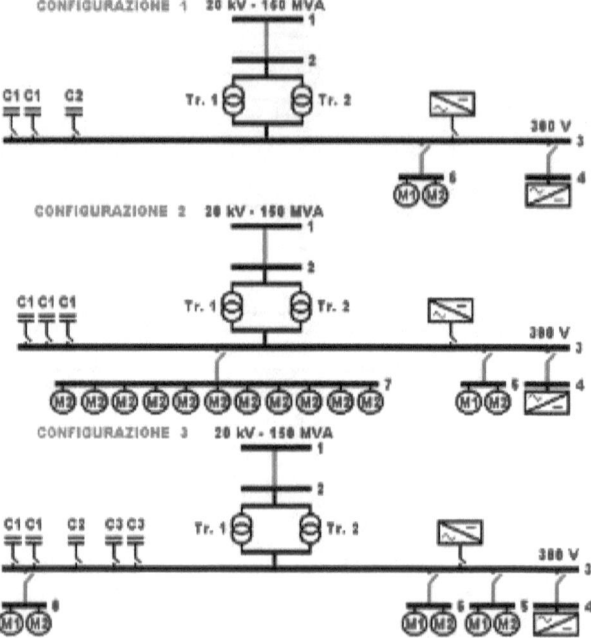

Figura III-7
Configurazioni in ciascuno degli anni da 6 a 10

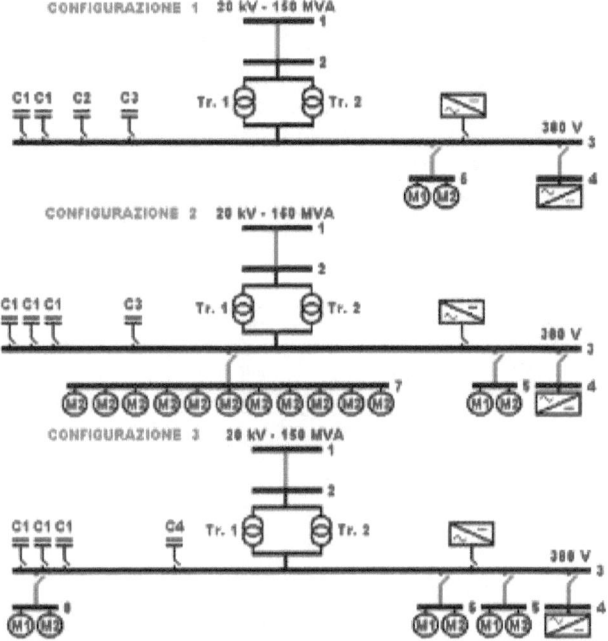

Figura III-8
Configurazioni in ciascuno degli anni da 11 a 15

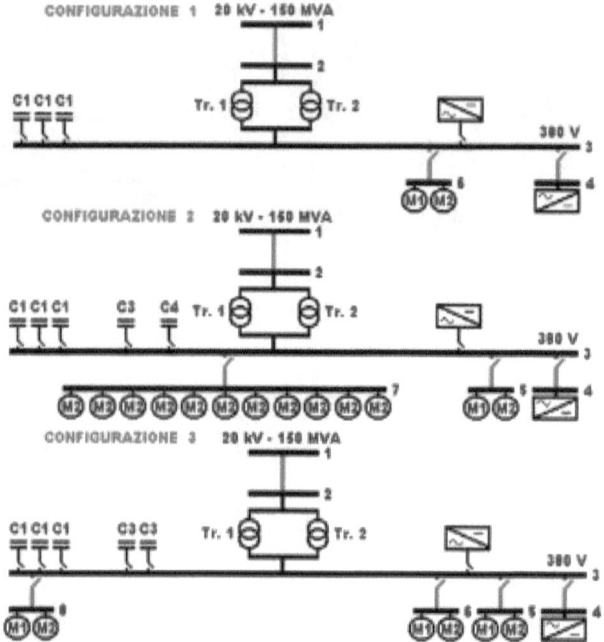

Figura III-9
Configurazioni del sistema in ciascuno degli anni da 16 a 20

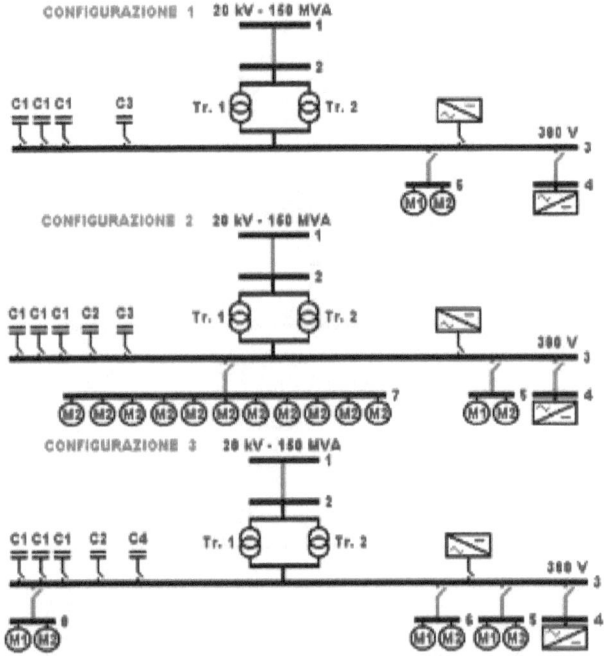

Figura III-10
Configurazioni del sistema in ciascuno degli anni da 21 a 25

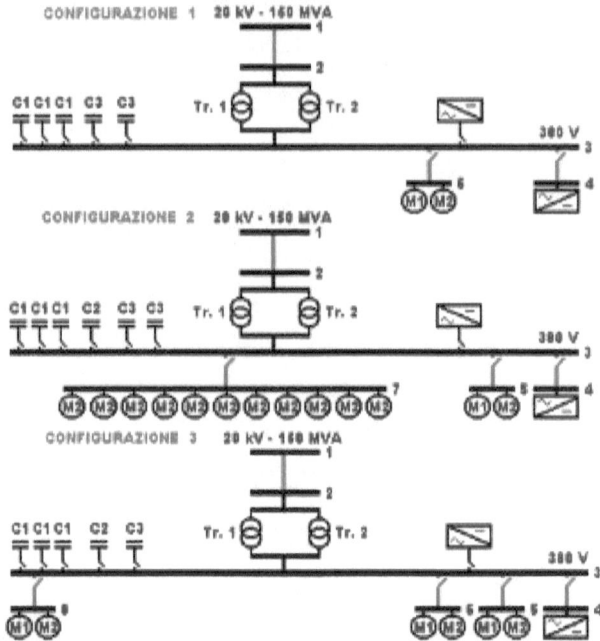

Figura III-11
Configurazioni del sistema in ciascuno degli anni da 26 a 40

11

RISULTATI

Lo studio del sistema descritto nel capitolo precedente è stato condotto secondo il seguente criterio metodologico:

1. Calcolo delle correnti armoniche iniettate in rete dai convertitori.

2. Calcolo delle tensioni armoniche in tutti i nodi del sistema.

3. Calcolo del fattore di picco nei nodi di interesse tramite la ricostruzione per punti della forma d'onda della tensione nei nodi stessi.

4. Calcolo della temperatura del punto caldo di alcuni componenti del sistema applicando i modelli termici proposti nella prima parte del libro.

5. Calcolo della riduzione di vita dei componenti considerando la contemporanea presenza dello stress termico e di quello elettrico, mediante l'utilizzo del modello "multi-stress" illustrato nella seconda parte del libro.

Poiché la configurazione del sistema è variabile nell'arco di ciascun anno e la potenza installata dei carichi non lineari varia ogni cinque anni, durante I 40 anni di esercizio oggetto del presente studio l'impianto elettrico in esame può assumere le 18 configurazioni indicate nel paragrafo precedente. In considerazione di ciò, l'analisi appena sopra descritta è stata condotta in maniera specifica per ciascuna delle 18 configurazioni possibili.

Data la natura aleatoria del contenuto armonico della rete, infine, lo studio è stato condotto in ambito probabilistico, utilizzando una tecnica di simulazione numerica di tipo "Monte Carlo".

In particolare, il calcolo delle correnti armoniche iniettate in rete dai convertitori elettronici a ponte trifase a 6 pulsazioni è stato effettuato non in corrispondenza di un unico valore dell'angolo di accensione dei tiristori ma considerando per tale angolo valori uniformemente distribuiti tra 5 e 70 gradi.

Nella tabella III-5 sono riportati i valori efficaci delle correnti armoniche iniettate in rete da un singolo gruppo di convertitori ed il medesimo insieme di dati è rappresentato in forma grafica nella figura III-12.

Come si vede, il valore delle correnti armoniche iniettate in rete dai carichi non lineari aumenta al passare degli anni e ciò è ovviamente dovuto al fatto che la potenza installata dei convertitori aumenta ogni cinque anni, fino a giungere al suo valore massimo dal venticinquesimo anno in poi.

Occorre sottolineare a tal proposito il fatto che nella tabella III-5 vengono riportati i valori di corrente iniettata da un singolo gruppo di convertitori ma nel sistema in esame i gruppi di carichi non lineari sono due, uno sulla sbarra 3 ed uno sulla sbarra 4, quindi le correnti armoniche complessivamente iniettate nel sistema sono date dalla somma vettoriale di quelle iniettate da ciascun gruppo di carichi non lineari.

Allo scopo di fornire un'indicazione del livello di inquinamento armonico sulla sbarra principale del sistema, ovvero la sbarra 3, sono stati calcolati il fattore di distorsione totale (T.H.D.) ed i valori medi delle tensioni armoniche sulla sbarra stessa, con riferimento a ciascun ordine di armonica ed a ciascun periodo di studio dell'impianto. Nella tabella III-6 sono riportati i valori del T.H.D. e delle tensioni armoniche in percentuale del valore efficace della fondamentale. In figura III-13, inoltre, viene fornita una rappresentazione grafica dei dati di tabella III-6.

Tabella III-5
Valore efficace delle armoniche di corrente iniettate in rete da un singolo gruppo di convertitori

ANNI	I_5 [A]	I_7 [A]	I_{11} [A]	I_{13} [A]	I_{17} [A]	I_{19} [A]
0-5	51.93	37.09	23.61	19.97	15.27	13.67
6-10	57.92	41.37	26.33	22.28	17.04	15.24
11-15	63.41	45.29	28.82	24.39	18.65	16.69
16-20	69.24	49.46	31.47	26.63	20.37	18.22
21-25	75.30	53.79	34.23	28.96	22.15	19.82
26-30	81.41	58.15	37.00	31.31	23.94	21.42
31-35	81.41	58.15	37.00	31.31	23.94	21.42
36-40	81.41	58.15	37.00	31.31	23.94	21.42

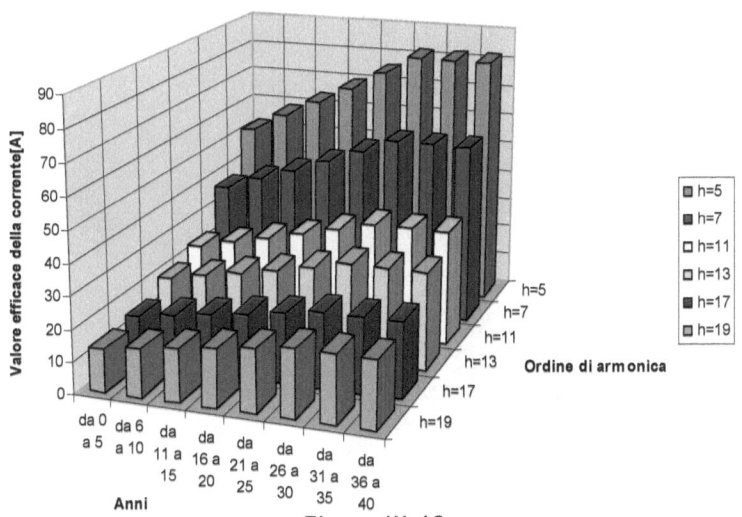

Figura III-12
Valori efficaci delle armoniche di corrente iniettate in rete da un singolo gruppo di convertitori

Tabella III-6
Valore medio delle tensioni armoniche e del T.H.D. sulla sbarra 3
in percentuale del valore efficace della tensione fondamentale

ANNI	V_5 [%]	V_7 [%]	V_{11} [%]	V_{13} [%]	V_{17} [%]	V_{19} [%]	T.H.D.
0-5	1.32	1.46	2.15	3.12	8.44	3.33	10.02
6-10	1.49	1.67	2.61	4.16	6.20	2.72	8.66
11-15	1.64	1.86	3.07	5.32	5.01	2.45	8.66
16-20	1.81	2.07	3.65	7.08	4.06	2.20	9.61
21-25	1.99	2.31	4.44	10.14	3.49	2.01	12.17
26-30	2.17	2.54	5.20	12.93	3.31	1.97	14.84
31-35	2.17	2.54	5.20	12.93	3.31	1.97	14.84
36-40	2.17	2.54	5.20	12.93	3.31	1.97	14.84

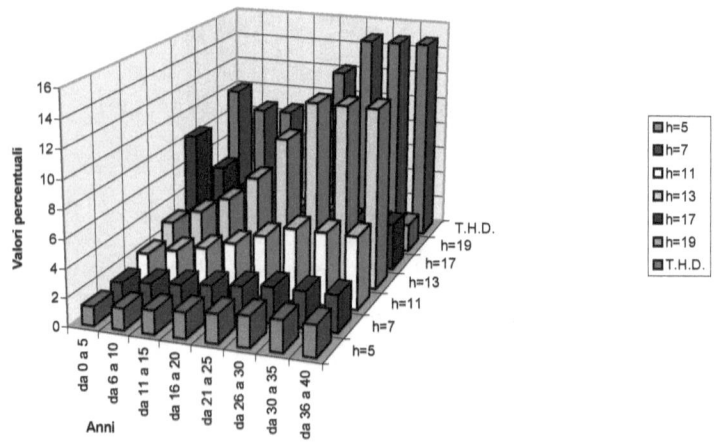

Figura III-13
Valore efficace medio delle tensioni armoniche e del T.H.D. sulla
sbarra 3

Dall'esame dei dati appena esposti risulta evidente che il
sistema nei primi cinque anni di studio è interessato da un
fenomeno di risonanza parallelo in corrispondenza della 17°
armonica mentre negli anni successivi la frequenza di
risonanza diminuisce sempre più, fino a spostarsi

decisamente verso la frequenza di 13° armonica a partire dal ventesimo anno.

Quanto appena notato viene confermato dal calcolo del valore dell'impedenza equivalente del sistema visto dal nodo 3 alle armoniche. I risultati di tale calcolo sono illustrati nella figura III-14.

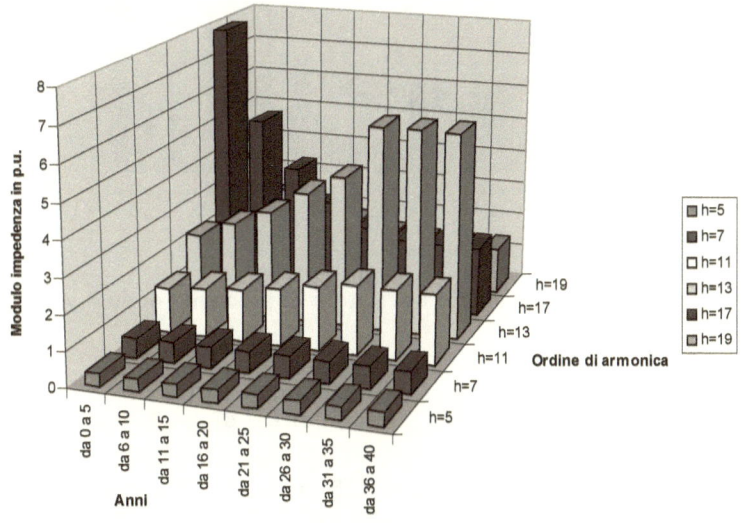

Figura III-14
Impedenza equivalente alle armoniche vista dalla sbarra 3

In particolare si nota come il valore massimo di impedenza equivalente è quello relativo alla 17° armonica negli anni da 0 a 5 ma ciò non produce il valore più alto di tensione armonica nell'arco dei 40 anni di studio del sistema a causa del fatto che la corrente iniettata dai convertitori alla 17° armonica è decrescente con l'ordine di armonica. Il valore più elevato di tensione armonica, pertanto, si verifica in corrispondenza della 13° armonica negli anni da 26 a 40 ed è pari al 12.925% della tensione fondamentale (220 V).

I livelli di inquinamento armonico risultano molto elevati negli anni che vanno dal ventesimo al quarantesimo e la conferma di ciò si ha dall'analisi del valore del T.H.D., che in tali anni è compreso tra il 12.17% ed il 14.83%.

Per quanto riguarda il calcolo della riduzione di vita dei componenti sottoposti a stress termico ed elettrico, poi, assume la massima importanza il valore del fattore di picco. Nella figura III-15 sono riportati i valori medi che il fattore di picco assume in ciascun periodo di studio.

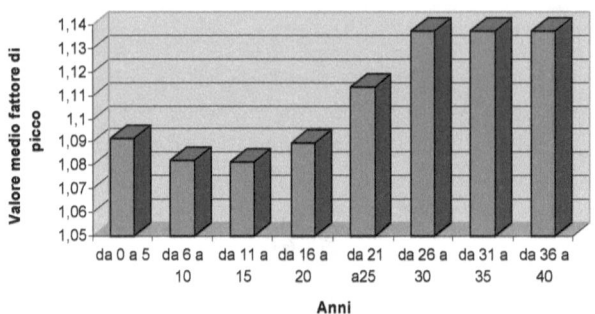

Figura III-15
Valore medio del fattore di picco nel nodo 3

Come si osserva, il fattore di picco assume i suoi valori più elevati nei primi cinque anni e negli ultimi quindici e ciò è dovuto rispettivamente all'incidenza della 17° e della 13° armonica di tensione.

Analizzando la formula (II.15) e tenendo presente il fatto che il coefficiente np assume valori compresi tra 6.1 e 14.8, si capisce che valori del fattore di picco molto elevati, come ad esempio quello relativo agli anni 26-40 (1.137) comportano una riduzione elevatissima della durata di vita dei componenti.

Tornando all'analisi dell'impianto, infine, si è calcolata la riduzione di vita per i seguenti componenti:

> motore asincrono M1 (110 kW) sulla sbarra 5 (inserito nelle configurazioni 2 e 3 ma non nella configurazione 1);

> motore asincrono M2 (11 kW) sulla sbarra 5 (inserito nelle configurazioni 2 e 3 ma non nella configurazione 1);

> condensatore di tipo C1 (inserito permanentemente);

> cavo di collegamento tra le sbarre 3 e 4 (inserito permanentemente).

La riduzione di vita dei predetti componenti è stata calcolata con riferimento alle seguenti tre situazioni:

(a) presenza di condizioni di esercizio puramente sinusoidali;

(b) presenza di sola sollecitazione termica in condizioni di alimentazione distorta;

(c) presenza contemporanea di stress termico ed elettrico in condizioni di alimentazione distorta.

L'andamento della riduzione della vita utile del motore asincrono M1 (110 kW), funzionante alla potenza nominale, nell'arco dei 40 anni di studio del sistema è riportato graficamente nella figura III-16.

Si può anzitutto osservare che la durata di vita in condizioni sinusoidali è superiore alla vita utile in condizioni nominali (40 anni) e ciò è dovuto al fatto che in ciascun anno la sbarra 5, sulla quale il motore è collegato, non è permanentemente in servizio ma è in funzione soltanto per 2/3 dell'anno stesso. Ciò vuol dire che nei 40 anni di studio del sistema l'effettivo tempo di esercizio del motore M1 sulla sbarra 5 è pari a 26.67 anni.

In virtù di questo, le durate di vita indicate per il motore da 110 kW devono essere interpretate come durate di vita riferite a 40 anni di studio del sistema e non a 40 anni di esercizio effettivo del motore. Se ci si riferisce all'effettivo esercizio del motore M1 (durata di vita nominale: 40 anni), invece, la durata di vita calcolata considerando il solo stress termico è pari a 26.67 anni mentre le durate di vita calcolate considerando sia lo stress termico che quello elettrico sono rispettivamente pari a 14.67 e 6.67 anni.

Per quanto concerne il motore asincrono M2 (11 kW) collegato alla sbarra 5, l'andamento grafico della riduzione di vita è quello riportato in figura III-17.

Per quest'ultimo motore si possono ripetere considerazioni analoghe a quelle espresse con riferimento al motore da 110 kW.

Considerando le durate di vita in termini di esercizio effettivo, la durata di vita in condizioni nominali per il motore M2 è pari a 40 anni, la durata di vita calcolata tenendo conto del solo stress termico è pari a 22.67 anni e le durate di vita calcolate tenendo conto sia dello stress termico che di quello elettrico sono rispettivamente pari a 14, 5 e 3.84 anni.

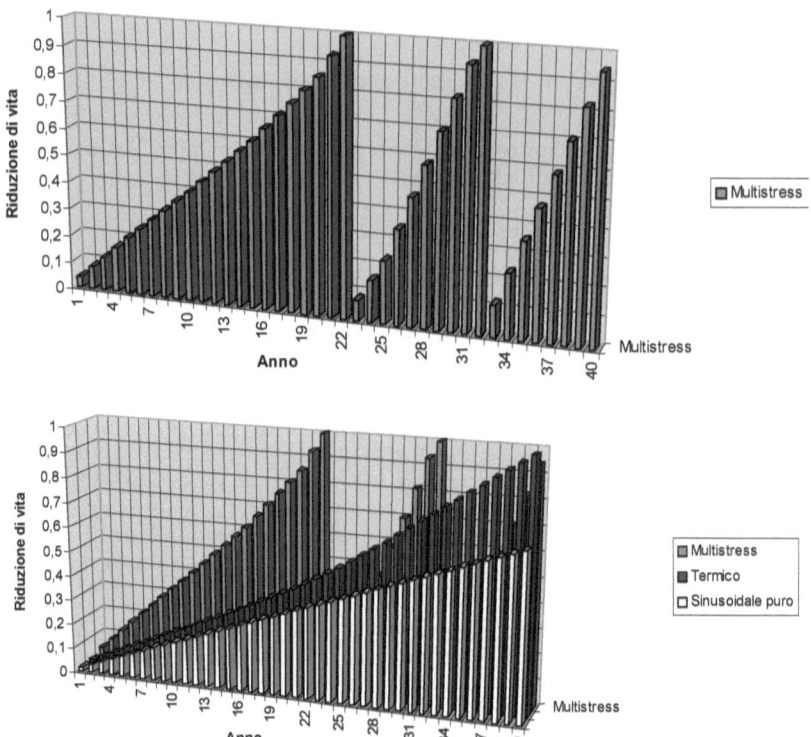

Figura III-16
Riduzione di vita del motore M1 sulla sbarra 5 nei 40 anni di studio del sistema

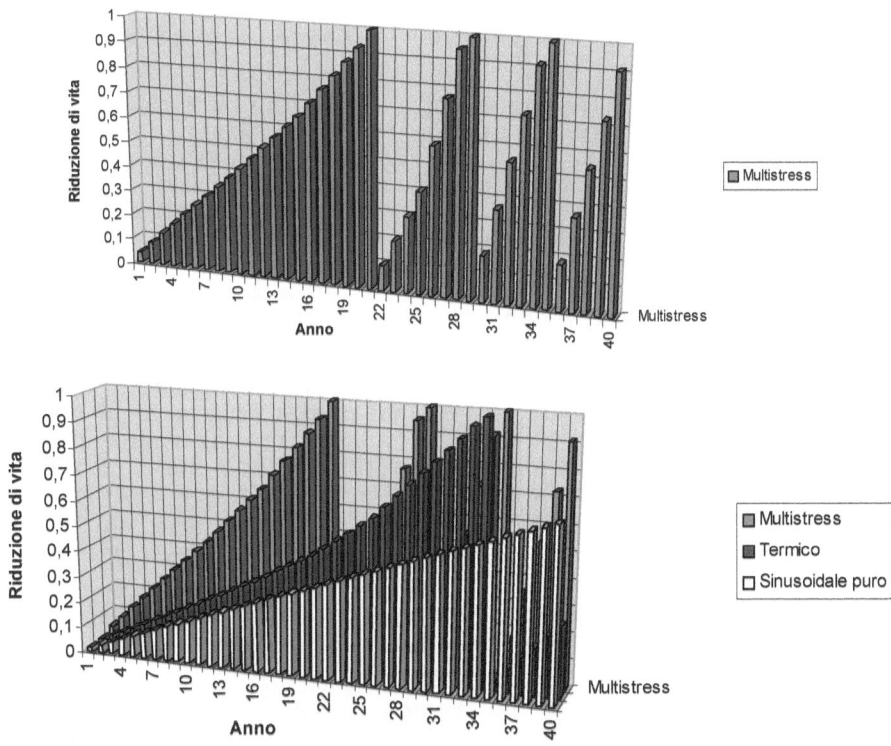

Figura III-17
Riduzione di vita del motore M2 sulla sbarra 5 nei 40 anni di studio del sistema

Per entrambi i motori si nota come l'elevato livello di distorsione armonica che si manifesta dal venticinquesimo anno in poi abbia un effetto del tutto deleterio sulla durata di vita, in particolare per ciò che concerne la sollecitazione elettrica.

Passando all'esame del condensatore, l'andamento della riduzione di vita è rappresentato graficamente nella figura III-18. L'analisi è stata condotta considerando l'intero periodo di studio ma nella figura in questione sono stati riportati gli andamenti fino al venticinquesimo anno, a causa del fatto che dal ventiseiesimo anno in poi la vita del condensatore è pari a 0.6 anni (7 mesi), cioè il componente non è utilizzabile ed occorre sostituirlo con un condensatore appositamente progettato per lavorare in condizioni di elevato inquinamento armonico.

In pratica, la sollecitazione termica e soprattutto quella elettrica sono molto intense nei primi cinque anni (a causa della risonanza alla 17° armonica) e dal ventesimo al venticinquesimo anno e ciò giustifica il fatto che la durata di vita del condensatore nei primi anni è inferiore a quella che si registra nella parte centrale del periodo di studio ed è dello stesso ordine di grandezza di quella che si ha dal ventesimo al venticinquesimo anno.

Per quanto riguarda, infine, il cavo di collegamento tra i nodi 3 e 4, l'andamento della riduzione di vita è riportato nella figura III-19.

Come per tutti gli altri componenti analizzati, anche per il cavo si osserva come l'incidenza della sollecitazione elettrica sia sempre crescente fino al venticinquesimo anno e diventi praticamente insostenibile dal ventiseiesimo anno in poi.

Per quanto riguarda la sollecitazione termica, invece, essa è sicuramente significativa ma produce danni del tutto trascurabili se confrontati con quelli dovuti allo stress combinato.

Se ci si riferisce poi alla considerazione della sola fondamentale, si nota che per il cavo la riduzione di vita è molto bassa, a causa del fatto che esso alla fondamentale è caricato in maniera significativamente inferiore alla sua portata, partendo da valori molto bassi della corrente in transito nei primi cinque anni ed arrivando a valori prossimi alla corrente nominale solo negli anni successivi al venticinquesimo.

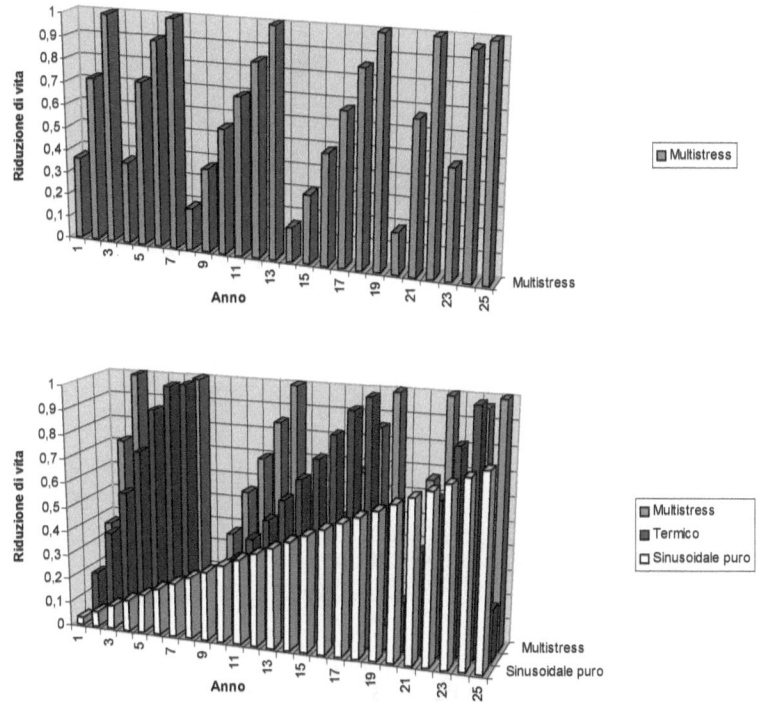

Figura III-18
Riduzione di vita del condensatore di tipo C1 nei primi 25 anni di studio del sistema

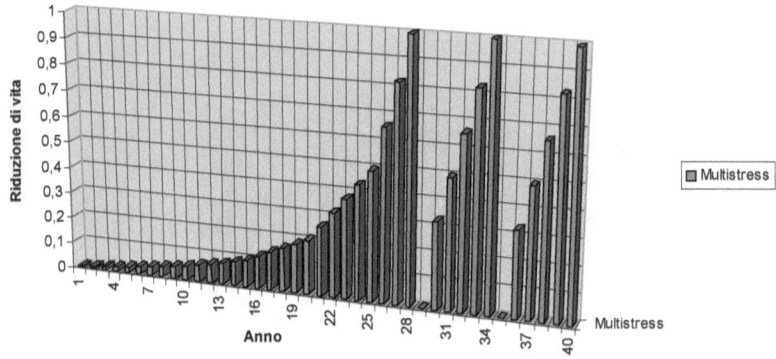

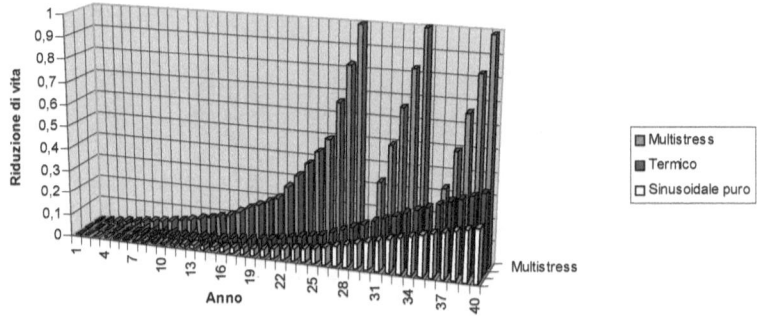

Figura III-19
Riduzione di vita del cavo 3-4 nei 40 anni di studio del sistema

12

MODELLO DEI CONVERTITORI

Si considera un convertitore trifase a sei pulsazioni ("six-pulse converter"), il cui circuito elettrico equivalente è riportato in figura III.20.

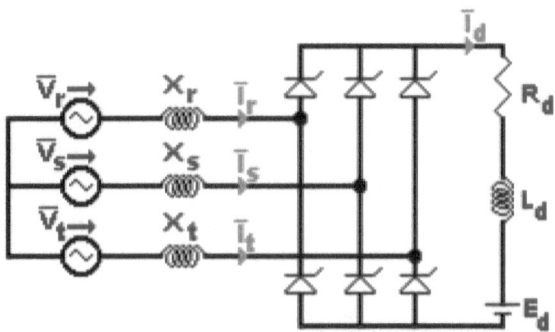

Figura III-20
Circuito elettrico equivalente di un convertitore a S.C.R. a sei pulsazioni

A partire dal circuito equivalente effettivo, sopra riportato, si adoperano le seguenti ipotesi semplificative:

➤ tensione di alimentazione perfettamente simmetrica e sistema equilibrato;

➤ commutazione dei tiristori istantanea, quindi $X_r=X_s=X_t=0$;

➢ corrente lato continua quasi costante ovvero induttanza di spianamento molto alta ($L_d \rightarrow \infty$);

➢ caratteristica di commutazione dei tiristori ideale;

➢ contro forza elettromotrice trascurabile ($E_d \approx 0$).

Sulla base delle ipotesi predette, il modello di convertitore cui ci si riferirà diventa quello rappresentato nella figura III-21.

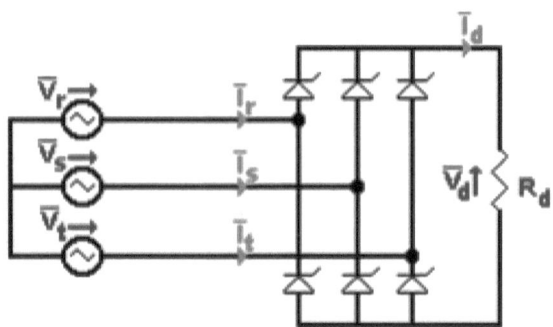

Figura III-21
Circuito elettrico semplificato di un convertitore a tiristori a sei pulsazioni

Dall'analisi del circuito equivalente semplificato risulta che la corrente lato continua è data da:

$$I_d = \frac{V_d}{R_d} = \frac{3 \bullet \sqrt{6} \bullet V \bullet \cos\alpha}{\pi} \bullet \frac{1}{R_d} \qquad\qquad (\text{III.9})$$

dove:

• I_d=valore medio della corrente lato continua [A];

• V_d=valore della caduta di tensione sulla resistenza lato continua [V];

• V=valore efficace della tensione tra fase e neutro sulla rete di alimentazione, cioè della tensione stellata: $V_r = V_s = V_t \equiv V$ [V];

• R_d=resistenza lato continua [Ω];

- α=angolo di accensione dei tiristori [radianti].

Dallo sviluppo in serie di Fourier dell'espressione della corrente lato continua si ottiene che la h-esima armonica della corrente stessa ha valore massimo pari a:

$$I_h = \frac{2 \bullet \sqrt{3}}{h \bullet \pi} \bullet I_d = \frac{18 \bullet \sqrt{2} \bullet V}{\pi^2 \bullet R_d} \bullet \frac{\cos\alpha}{h} = a \bullet \frac{\cos\alpha}{h} \qquad \text{(III.10)}$$

dove:

- I_h=valore massimo della h-esima armonica della corrente lato continua del convertitore [A];

- h=ordine di armonica.

Per quanto riguarda poi la fase dell'armonica di ordine h della corrente lato continua, si ha che essa è data da:

$$\varphi_h = -h \bullet \alpha + \frac{\pi}{2} \bullet \left[1 - (-1)^k \right] \qquad \text{(III.11)}$$

con:

$$\begin{cases} h = 6 \bullet k \pm 1 \\ k = 0,1,2,3,... \end{cases} \qquad \text{(III.12)}$$

dove:

- φ_h=angolo di fase della h-esima armonica della corrente lato continua [radianti];

- α=angolo di accensione dei tiristori [radianti];

- h=ordine di armonica;

- k=numero intero.

In maniera alternativa, l'armonica di ordine h della corrente lato continua del convertitore si può esprimere in termini di parte reale e parte immaginaria. Sulla base della rappresentazione di un numero complesso nel "piano di Gauss" (piano complesso), rappresentazione riportata nella figura III-22, si possono dare le seguenti espressioni della parte reale e della parte immaginaria della corrente lato continua del convertitore:

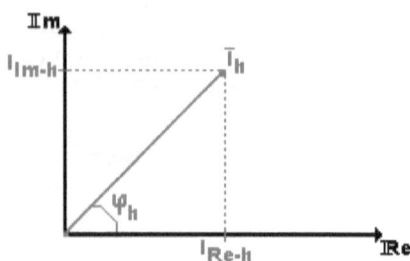

Figura III-22
Rappresentazione del vettore della h-esima armonica di corrente nel piano complesso

$$I_{Re-h} = I_h \bullet \cos\varphi_h = \frac{a}{h} \bullet \cos\alpha \bullet \cos\varphi_h \qquad \text{(III.13)}$$

$$I_{Im-h} = I_h \bullet \sin\varphi_h = \frac{a}{h} \bullet \cos\alpha \bullet \sin\varphi_h \qquad \text{(III.14)}$$

dove i simboli indicano:

- I_h=valore massimo della h-esima armonica di corrente [A];

- I_{Re-h}=valore della parte reale dell'armonica di ordine h della corrente lato continua del convertitore [A];

- I_{Im-h}=valore della parte immaginaria dell'armonica h-esima della corrente lato continua del convertitore [A];

- h=ordine di armonica;

- φ_h=angolo di fase dell'armonica di ordine h [radianti];

- α=angolo di accensione dei tiristori [radianti].

Sostituendo nelle formule (III.13) e (III.14) la relazione (III.11) e procedendo ad opportune elaborazioni matematiche, si ottengono le espressioni definitive di I_{Re-h} e di I_{Im-h}:

$$I_{Re-h} = (-1)^k \bullet \frac{a}{h} \bullet \cos\alpha \bullet \cos(h \bullet \alpha) \qquad \text{(III.15)}$$

$$I_{Im-h} = (-1)^{k+1} \bullet \frac{a}{h} \bullet \cos\alpha \bullet \sin(h \bullet \alpha) \qquad \text{(III.16)}$$

Dalle relazioni esposte risulta chiaro che la corrente di h-esima armonica dipende essenzialmente dall'ordine armonico (h) e dal valore dell'angolo di accensione dei tiristori (α). Tale angolo di accensione si può assumere variabile tra 0 e $\pi/2$, anche se i valori prossimi ai due estremi di solito non vengono utilizzati.

Nel computo delle armoniche ci si è arrestati all'ordine 19 e ciò rappresenta una semplificazione del tutto ragionevole, in quanto il valore massimo della corrente armonica (I_h) è inversamente proporzionale all'ordine di armonica (h) e pertanto lo si può ritenere approssimativamente trascurabile per h maggiore di 19.

Appunti ed osservazioni

13

CONCLUSIONI

In conclusione, dall'analisi del sistema in studio si possono trarre le seguenti osservazioni:

(a) per tutti i componenti esaminati, la riduzione di vita calcolata considerando sia lo stress termico che quello elettrico è nettamente superiore a quella ottenuta dalla considerazione del solo stress termico;

(b) la riduzione di vita calcolata considerando la sola sollecitazione termica è comunque sempre superiore a quella che si avrebbe in condizioni puramente sinusoidali;

(c) il livello di inquinamento armonico è crescente al crescere della potenza dei convertitori elettronici installati nel sistema fino al punto da diventare insostenibile negli anni successivi al venticinquesimo;

(d) dal ventiseiesimo anno in poi non è possibile l'esercizio del sistema senza l'adozione di provvedimenti finalizzati alla drastica riduzione del contenuto armonico dell'impianto.

Appunti ed osservazioni

APPENDICE

SOFTWARES

14

SOMMARIO DELL'APPENDICE

Nella prima parte del volume sono stati messi a punto dei modelli matematici per il calcolo della temperatura massima di esercizio raggiunta dai principali componenti di un sistema elettrico industriale in presenza di inquinamento armonico sulla rete di alimentazione.

Sulla base di tale calcolo, nella seconda parte è stato sviluppato un modello di vita di tipo "termo-elettrico", cioè un modello matematico che permette di valutare la riduzione della vita utile dei componenti in questione sia per effetto della sollecitazione termica ("stress termico") che per effetto della sollecitazione elettrica ("stress elettrico"). Sempre nella sezione II, poi, è stato presentato un procedimento di calcolo che permette di ricavare le armoniche di corrente iniettate in rete da un convertitore a ponte trifase a doppia semionda, esprimendo tali armoniche sia sotto forma di modulo e fase che sotto forma di parte reale e parte immaginaria.

Al fine di fornire un esempio di applicazione della metodologia di analisi proposta nelle sezioni I e II, nella sezione III si è esaminato un sistema elettrico industriale reale e si è proceduto al calcolo del valore atteso della vita dei componenti in esso presenti (motori asincroni, trasformatori, cavi e condensatori), sviluppando per questo scopo dei softwares di calcolo in linguaggio FORTRAN.

Nella presente Appendice sono riportati i listati di alcuni dei programmi di calcolo messi a punto nell'ambito dell'applicazione numerica esaminata nella sezione III, corredando tali listati di opportune spiegazioni e commenti.

Appunti ed osservazioni

15

SOFTWARES PER LA VALUTAZIONE DETERMINISTICA DELLA TEMPERATURA DEL PUNTO CALDO DEI COMPONENTI E DELLA LORO VITA UTILE

Il software di seguito riportato permette la valutazione della temperatura del punto caldo e della riduzione di vita utile di qualunque tipo di componente esaminato in questo lavoro (cavi, condensatori, motori asincroni e trasformatori) facendo uso dell'approccio deterministico.

Esso è strutturato in maniera tale da essere assolutamente indipendente da altre unità di programma, ad esempio files di dati, in virtù del fatto che l'inserimento delle informazioni di volta in volta necessarie alle operazioni di calcolo viene effettuato direttamente dall'utente per mezzo della tastiera del computer. Tale inserimento viene sollecitato e guidato da schermo, nel senso che la richiesta dell'informazione e la specificazione dell'unità di misura nella quale l'informazione stessa deve essere espressa avvengono tramite monitor.

Il programma è stato denominato "determ.for" e si compone di dieci unità ben definite tra le quali avviene automaticamente lo scambio dei dati necessari all'esecuzione dei calcoli che ciascuna di esse deve svolgere.

In maniera specifica, la struttura del software "determ.for" è quella esposta nel seguito.

1. *Interfaccia utente* - Quest'unità di programma costituisce il collegamento tra le subroutines di calcolo vere e proprie, consentendo all'utente di scegliere quale tipo di componente analizzare e, nel caso in cui per il componente scelto siano disponibili più modelli di calcolo, quale modello adoperare. L'utente, inoltre, può decidere di limitare l'analisi del componente al calcolo della temperatura del punto caldo oppure estendere tale

analisi anche al calcolo della riduzione di vita utile del componente stesso.

2. *Subroutine cavi* - Si tratta di una subroutine che è dedicata al calcolo della temperatura di funzionamento del punto caldo dei cavi, siano essi unipolari, bipolari, tripolari oppure quadripolari, applicando il modello matematico sviluppato nel capitolo 2. Tale calcolo richiede come dati di ingresso i valori efficaci delle armoniche di corrente che attraversano il cavo in esame e tutti i parametri caratterizzanti il cavo stesso.

3. *Subroutine condens1* - La subroutine in oggetto è finalizzata al calcolo della temperatura di esercizio del punto più caldo dei condensatori dei quali sia stata preventivamente calcolata la capacità. A tal fine viene utilizzato il modello matematico esposto nel paragrafo 3.2 e vengono richiesti come dati di ingresso i valori efficaci delle armoniche di tensione che insistono sul condensatore in esame ed i suoi parametri caratteristici (capacità, fattore di perdita e resistenza termica del dielettrico).

4. *Subroutine condens2* - Quest'unità di programma è una subroutine dedicata al calcolo della temperatura del punto più caldo dei condensatori ad elettrodi piani, circolari e paralleli, utilizzando a tale scopo il modello matematico riportato nel paragrafo 3.1. I dati richiesti sono i valori efficaci delle armoniche di tensione sul condensatore in esame e le sue caratteristiche geometriche ed elettriche.

5. *Subroutine motori* - Questa subroutine è stata sviluppata alo scopo di effettuare il calcolo della temperatura raggiunta dal punto più caldo degli isolamenti di un motore asincrono trifase durante il suo esercizio in condizioni di alimentazione distorta. Essa prevede che l'utente fornisca come dati di ingresso i valori efficaci delle armoniche della tensione di alimentazione del motore ed i valori dei parametri costruttivi (meccanici ed elettrici) caratterizzanti il motore stesso. Il modello matematico che viene qui applicato è quello sviluppato nel capitolo 4.

6. *Subroutine trclass* - L'unità di programma in questione è dedicata al calcolo della temperatura del punto più caldo dei trasformatori durante il loro esercizio in condizioni da alimentazione non sinusoidale. Questa subroutine è basata sull'applicazione del modello matematico esposto nel paragrafo 5.1, quindi può essere utilizzata tanto nell'analisi di trasformatori in olio quanto nell'analisi di

trasformatori a secco. I dati richiesti al fine dell'esecuzione del calcolo in questione sono costituiti dai valori efficaci delle armoniche di tensione che insistono sul trasformatore, dai valori efficaci delle armoniche di corrente assorbite dalla macchina e dai parametri elettrici caratterizzanti il comportamento termico della macchina stessa.

7. *Subroutine trIEEE* - La subroutine in oggetto si occupa del calcolo della temperatura del punto più caldo degli avvolgimenti primari e secondari di un trasformatore trifase in olio, applicando a tale scopo il modello matematico sviluppato nel paragrafo 5.4. I dati che sono richiesti in ingresso da tastiera da parte di tale unità di programma sono i valori efficaci delle armoniche di corrente assorbite dalla macchina ed i valori dei parametri caratterizzanti il comportamento termico del trasformatore stesso. Le informazioni fornite in uscita consentono la definizione completa dello stato di regime termico della macchina durante il suo esercizio.

8. *Subroutine vitautile* - Questo sottoprogramma è finalizzato alla valutazione della perdita di vita del componente considerato tenendo conto sia dello stress termico che dello stress elettrico cui esso è sottoposto. Il modello matematico cui ci si riferisce è quello proposto nella sezione II e richiede la conoscenza della temperatura massima di esercizio del componente (calcolata tramite le unità di programma precedentemente descritte), del valore del fattore di picco della tensione sulla rete di alimentazione e di altri dati caratterizzanti l'utilizzo del componente in questione ed i materiali isolanti in esso presenti.

9. *Subroutine armoniche* - Il modulo di programma in oggetto è finalizzato a fornire alle subroutines "condens1" e "condens2" il valore della quantità:

$$sommat = \sum_{h=1}^{19} h \bullet V_h^2 \tag{A.1}$$

Per l'effettuazione di questo calcolo vengono richiesti i valori efficaci delle armoniche di tensione che insistono sul condensatore ed essi devono naturalmente essere forniti dall'utente tramite tastiera.

10. *Subroutine sovratemperatura* - Il sottoprogramma in oggetto viene utilizzato dalla subroutine "cavi" per eseguire il calcolo della sovratemperatura del cavo rispetto all'ambiente esterno, sulla base delle

considerazioni sviluppate nel capitolo 2. L'unico dato di cui viene richiesto l'inserimento tramite tastiera è il valore della sovratemperatura rispetto all'ambiente esterno ammessa per il conduttore mentre le altre informazioni necessarie per il calcolo vengono trasmesse automaticamente dalla subroutine "cavi" alla subroutine "sovratemperatura".

Il massimo ordine di armonica considerato nel programma "determ.for" è fissato ad hmax=19 ma esso può essere facilmente modificato nell'ambito di ciascun sottoprogramma tramite la variazione del valore suddetto nell'istruzione "parameter (hmax=…)".

Il listato del software "determ.for", espresso in linguaggio FORTRAN, è quello riportato a partire dalla pagina seguente.

```
c
c       VALUTAZIONE DETERMINISTICA DELLA TEMPERATURA DEL PUNTO
CALDO DEI
c    COMPONENTI E DELLA RIDUZIONE DELLA LORO VITA UTILE.
c
1    program determ
c
c    INTERFACCIA UTENTE
c
     character *1 scelta
     character *1 cond
     character *1 trasf
     character *1 olio
     character *1 vita
     character *1 altro
     external cavi
     external condens1
     external condens2
     external motori
     external trclass
     external trIEEE
     external vitautile
     real temperatura
     integer componente
100  format (A)
     write (*,*) 'PROGRAMMA PER LA VALUTAZIONE DETERMINISTICA DELLA
TEM
    +PERATURA DEL PUNTO CALDO  DEI COMPONENTI E DELLA LORO VITA
UTILE'
     write (*,*)
     write (*,*)
1000 write (*,*) '                    Scelta del componente da analizz
    +are'
     write (*,*)
     write (*,*) 'Indicare il tipo di componente che si desidera analiz
    +zare tramite la cifra identificativa:'
     write (*,*) '1    Cavo'
     write (*,*) '2    Condensatore'
     write (*,*) '3    Motore asincrono'
     write (*,*) '4    Trasformatore'
     read (*,100) scelta
     if (scelta.eq.'1') then
     goto 2000
     else if (scelta.eq.'2') then
     goto 3000
     else if (scelta.eq.'3') then
     goto 4000
     else if (scelta.eq.'4') then
     goto 5000
     else
     write (*,*) 'Indicazione non valida. Ripetere.'
     goto 1000
     end if
2000 call cavi (temperatura, componente)
     goto 6000
3000 write (*,*)
     write (*,*) 'La capacita'' del condensatore e'' nota? (s=si,n=no)'
     read (*,100) cond
     if (cond.eq.'s') then
     goto 3100
     else if (cond.eq.'n') then
     goto 3200
     else
     write (*,*) 'Indicazione non valida. Ripetere'
     goto 3000
     end if
3100 call condens1 (temperatura, componente)
```

```
      goto 6000
3200  call condens2 (temperatura, componente)
      goto 6000
4000  call motori (temperatura, componente)
      goto 6000
5000  write (*,*)
      write (*,*) 'Indicare il tipo di trasformatore per mezzo della let
     +tera corrispondente'
      write (*,*) 'a   Trasformatore in olio'
      write (*,*) 'b   Trasformatore a secco'
      read (*,100) trasf
      if (trasf.eq.'a') then
      goto 5100
      else if (trasf.eq.'b') then
      goto 5110
      else
      write (*,*) 'Indicazione non valida. Ripetere'
      goto 5000
      end if
5100  write (*,*)
      write (*,*) 'Per i trasformatori in olio sono disponibili i due mo
     +delli seguenti:'
      write (*,*) 'a   Modello "classico"'
      write (*,*) 'b   Modello basato sullo Standard IEEE C57.110-1998'
      write (*,*) 'Indicare il modello desiderato per mezzo della letter
     +a di identificazione'
      read (*,100) olio
      if (olio.eq.'a') then
      goto 5110
      else if (olio.eq.'b') then
      goto 5120
      else
      write (*,*) 'Indicazione non valida. Ripetere'
      goto 5100
      end if
5110  call trclass (temperatura, componente)
      goto 6000
5120  call trIEEE (temperatura, componente)
      goto 6000
6000  write (*,*)
      write (*,*) 'Si desidera calcolare la vita utile? (s=si,n=no)'
      read (*,100) vita
      if (vita.eq.'s') then
      goto 7000
      else if (vita.eq.'n') then
      goto 8000
      else
      write (*,*) 'Indicazione non valida. Ripetere'
      goto 6000
      end if
7000  call vitautile (temperatura, componente)
8000  write (*,*)
      write (*,*) 'Si vuole analizzare un altro componente? (s=si,n=no)'
      read (*,100) altro
      if (altro.eq.'s') then
      goto 1000
      else if (altro.eq.'n') then
      goto 9000
      else
      write (*,*) 'Indicazione non valida. Ripetere'
      goto 8000
      end if
9000  write (*,*)
      write (*,*)
      write (*,*) '                    Esecuzione programma terminata'
      end
c
c
c     L'interfaccia utente è terminata. Si passa al calcolo vero e proprio.
```

```
c       Il calcolo è separato componente per componente per mezzo di
specifiche
c     subroutines. Anche al calcolo della vita utile è dedicata un'apposita
c     subroutine.
c
c
10000 subroutine cavi (temperatura, componente)
c
c   SUBROUTINE PER IL CALCOLO DELLA TEMPERATURA DEL PUNTO CALDO
DEI CAVI
c   (il modello è esposto nel capitolo 2)
c
      real temperatura
      integer hmax, componente
10100 parameter (hmax=19)
      integer h
      real I
      dimension I (hmax)
      real pi, f
      parameter (pi=3.1415927)
      parameter (f=50)
      real somma, sommaomo
      real n, tetas, alfa20, R0, Rprimo, fh, x, EFFEacca
      real y1h, y2h, dc, s, Rh, tetaa
      real T1, T2, T3, T4, rhot, ti1, G, ti2, Ds, rhoG, ti3, Daprimo
      real posa
      real DELTA, Destar, tau, E, Z, gi, u, L, De
      external sovratemperatura
      write (*,*)
      write (*,*)
      write (*,*) '            M O D E L L O   D E I   C A V I'
      write (*,*)
      write (*,*) 'SI SUPPONE CHE IL CAVO NON SIA ESPOSTO
DIRETTAMENTE A
      +LLE RADIAZIONI SOLARI E CHE IL SISTEMA ELETTRICO STIA
FUNZIONANDO
      +IN REGIME NON SINUSOIDALE MA COMUNQUE SIMMETRICO'
10150 write (*,*)
      write (*,*) '            ACQUISIZIONE DATI'
      write (*,*)
      write (*,*) 'Il massimo ordine di armonica che viene qui considera
      +to e'' hmax=',hmax
      write (*,*) 'Se si desidera considerare un ordine diverso da quest
      +o, bisogna porre hmax=... nella label 10100'
      write (*,*)
      write (*,*) 'Inserire il valore efficace delle armoniche di corren
      +te secondo l'' ordine indicato'
      do 10200, h=1,hmax,1
      write (*,*)
      write (*,*) 'Ordine armonico:',h
      write (*,*) 'Valore efficace dell''armonica di corrente [A]:'
      read (*,*) I(h)
      write (*,*) 'valore acquisito:', I(h)
10200 continue
      write (*,*)
      write (*,*)
      write (*,*) 'Inserire i dati di seguito richiesti, con le unita''
      +di misura indicate entro le parentesi quadre:'
      write (*,*)
10250 write (*,*) 'Numero di conduttori presenti nel cavo:'
      read (*,*) n
      if (n.gt.4) then
      write (*,*) 'Indicazione non valida. Ripetere.'
      goto 10250
      end if
      write (*,*) 'valore acquisito:', n
      write (*,*)
      write (*,*) 'Massima temperatura di servizio del cavo [C]:'
      read (*,*) tetas
```

```
      write (*,*) 'valore acquisito:', tetas
      write (*,*)
      write (*,*) 'Coeff. resistivo di temperatura a 20 C del materiale
     +conduttore [1/C]:'
      read  (*,*) alfa20
      write (*,*) 'valore acquisito:', alfa20
      write (*,*)
      write (*,*) 'Resistenza in continua per unita'' di lunghezza del c
     +onduttore a 20 C [Ohm/m]:'
      read (*,*) R0
      write (*,*) 'valore acquisito:', R0
      write (*,*)
      write (*,*) 'Diametro del conduttore [mm]:'
      read (*,*) dc
      write (*,*) 'valore acquisito:', dc
      write (*,*)
      write (*,*) 'Distanza tra gli assi dei conduttori [mm]:'
      read (*,*) s
      write (*,*) 'valore acquisito:', s
      write (*,*)
      write (*,*) 'Resistivita'' termica del terreno [Cm/W]:'
      read (*,*) rhot
      write (*,*) 'valore acquisito:', rhot
      write (*,*)
      write (*,*) 'Spessore dell''isolante tra conduttore e guaina [mm]:
     +'
      read (*,*) ti1
      write (*,*) 'valore acquisito:', ti1
      write (*,*)
      write (*,*) 'Fattore geometrico:'
      read (*,*) G
      write (*,*) 'valore acquisito:', G
      write (*,*)
      write (*,*) 'Spessore dell''imbottitura [mm]:'
      read (*,*) ti2
      write (*,*) 'valore acquisito:', ti2
      write (*,*)
      write (*,*) 'Diametro esterno della guaina [mm]:'
      read (*,*) Ds
      write (*,*) 'valore acquisito:', Ds
      write (*,*)
      write (*,*) 'Resistivita'' termica della guaina [Cm/W]:'
      read (*,*) rhoG
      write (*,*) 'valore acquisito:', rhoG
      write (*,*)
      write (*,*) 'Spessore del rivestimento esterno [mm]:'
      read (*,*) ti3
      write (*,*) 'valore acquisito', ti3
      write (*,*)
      write (*,*) 'Diametro esterno dell''armatura [mm]:'
      read (*,*) Daprimo
      write (*,*) 'valore acquisito:', Daprimo
      write (*,*)
      write (*,*) 'Temperatura ambiente [C]:'
      read (*,*) tetaa
      write (*,*) 'valore acquisito:', tetaa
10300 write (*,*)
      write (*,*)
      write (*,*) 'Indicare il tipo di posa del cavo per mezzo della cif
     +ra corrispondente:'
      write (*,*)
      write (*,*) '1    Cavo posato in aria libera (non direttamente esp
     +osto all''irraggiamento solare)'
      write (*,*)
      write (*,*) '2    Cavo interrato (da solo)'
      read (*,*) posa
        if (posa.gt.2) then
        write (*,*) 'Indicazione non valida. Ripetere.'
        goto 10300
```

```
              else if (posa.lt.0) then
              write (*,*) 'Indicazione non valida. Ripetere.'
              goto 10300
              end if
c     calcolo della sommatoria su h di Rh*Ih**2 (tutte le armoniche)
      somma=0
      do 10400, h=1,hmax,1
      Rprimo=R0*(1+alfa20*(tetas-20))
      fh=f*h
      x=sqrt((8*pi*fh)/(10000000*Rprimo))
          if (x.le.2.8) then
          EFFEacca=(x**4)/(192+0.8*(x**4))
          else if (x.gt.2.8) then
          EFFEacca=(0.933*(x**4)*exp(0.041*x))/(192+0.8*(x**4))
          else if (x.gt.5.5) then
      write (*,*) 'IL VALORE DEL PARAMETRO x E'' MAGGIORE DI 5,5. TALE
S
     +ITUAZIONE NON E'' PREVISTA DAL MODELLO. RICONTROLLARE.'
          goto 10150
          end if
      y1h=EFFEacca

y2h=EFFEacca*((dc/s)**2)*(0.312*((dc/s)**2)+(1.18/(EFFEacca+0.27))
    +)
      Rh=Rprimo*(1+y1h+y2h)
      somma=somma+Rh*(I(h)**2)
10400 continue
c     calcolo della sommatoria sulle armoniche omopolari di Rh*Ih**2
      sommaomo=0
      do 10500, h=3,hmax,3
      Rprimo=R0*(1+alfa20*(tetas-20))
      fh=f*h
      x=sqrt((8*pi*fh)/(10000000*Rprimo))
          if (x.le.2.8) then
          EFFEacca=(x**4)/(192+0.8*(x**4))
          else if (x.gt.2.8) then
          EFFEacca=(0.933*(x**4)*exp(0.041*x))/(192+0.8*(x**4))
          else if (x.gt.5.5) then
      write (*,*) 'IL VALORE DEL PARAMETRO x E'' MAGGIORE DI 5,5. TALE
S
     +ITUAZIONE NON E'' PREVISTA DAL MODELLO. RICONTROLLARE.'
          goto 10150
          end if
      y1h=EFFEacca

y2h=EFFEacca*((dc/s)**2)*(0.312*((dc/s)**2)+(1.18/(EFFEacca+0.27))
    +)
      Rh=Rprimo*(1+y1h+y2h)
      sommaomo=sommaomo+Rh*(I(h)**2)
10500 continue
c     calcolo delle resistenze termiche (T1, T2, T3, T4)
c     ATTENZIONE: la formula (I.14) è specificamente indicata per i cavi
c     tripolari ma noi qui facciamo l'ipotesi di poterla utilizzare anche
c     per i cavi bipolari e per quelli quadripolari, a patto di inserirvi
c     un fattore geometrico G opportuno per il tipo di cavo considerato.
          if (n.eq.1) then
          T1=(rhot/(2*pi))*log(1+(2*t1)/dc)
          else
          T1=(rhot/(2*pi))*G
          end if
      T2=(rhot/(2*pi))*log(1+(2*ti2)/Ds)
      T3=(rhoG/(2*pi))*log(1+(2*ti3)/Daprimo)
          if (posa.eq.1) then
          write (*,*)
          write (*,*) 'Diametro esterno del cavo [m]:'
          read (*,*) Destar
          write (*,*) 'valore acquisito', Destar
          write (*,*)
          write (*,*) 'Valore tabellato di Z:'
```

```
            read (*,*) Z
            write (*,*) 'valore acquisito:', Z
            write (*,*)
            write (*,*) 'Valore tabellato di E:'
            read (*,*) E
            write (*,*) 'valore acquisito:', E
            write (*,*)
            write (*,*) 'Valore tabellato di g:'
            read (*,*) gi
            write (*,*) 'valore acquisito:', gi
            tau=E+Z/(Destar**gi)
c     con DELTA si indica Dtetas**(1/4)
            call sovratemperatura (DELTA, Destar, tau, T1, T2, T3)
            T4=1/(pi*Destar*tau*DELTA)
                else if (posa.eq.2) then
                write (*,*)
                write (*,*) 'Distanza dell''asse del cavo dalla superficie
     + del terreno [mm]:'
                read (*,*) L
                write (*,*) 'valore acquisito:', L
                write (*,*)
c     la differenza tra De e Destar consiste nel fatto che De è in milli
c     metri mentre Destar è in metri
                write (*,*) 'Diametro esterno del cavo [mm]:'
                read (*,*) De
                write (*,*) 'valore acquisito:', De
                u=2*L/De
                T4=(1/(2*pi))*rhot*log(u+sqrt((u**2)-1))
            end if
c     calcolo della temperatura raggiunta dal conduttore
        if (n.le.3) then
        teta=tetaa+somma*T1+somma*n*T2+somma*n*(T3+T4)
        else if (n.eq.4) then

teta=tetaa+somma*T1+(somma+3*sommaomo)*3*T2+(somma+3*sommao
mo)*3*(
     +T3+T4)
        end if
c     parametri che verranno trasferiti alla subroutine "vita utile"
        temperatura=teta
        componente=1
        write (*,*)
        write (*,*)
        write (*,*) '                      PRESENTAZIONE RISULTATI'
        write (*,*)
        write (*,*) 'Temperatura del conduttore [C]:', teta
        return
        end
c
c
20000 subroutine condens1 (temperatura, componente)
c
c     SUBROUTINE PER IL CALCOLO DELLA TEMPERATURA DEL PUNTO CALDO
DEI
c     CONDENSATORI CON IL MODELLO DEL PARAGRAFO 3.1
c
        real temperatura
        integer componente
        real sommat
        real pi, f
        parameter (pi=3.1415927)
        parameter (f=50)
        real C, tgd, Rth, Ptot, Ths
        external armoniche
        write (*,*)
        write (*,*)
        write (*,*)'M O D E L L O   2   D E I   C O N D E N S A T O R
     + I   [ C . 2 ]'
        call armoniche (sommat)
```

```
c     le prossime due righe si possono pure eliminare, perchè sono solo
c     di controllo
c     write (*,*) 'Il valore della sommatoria e'':'
c     write (*,*) sommat
      write (*,*)
      write (*,*) 'Inserire i dati di seguito richiesti, con le unita''d
     +i misura indicate entro le parentesi quadre:'
      write (*,*)
      write (*,*) 'Capacita'' del condensatore [F]:'
      read (*,*) C
      write (*,*) 'valore acquisito:', C
      write (*,*)
      write (*,*) 'Fattore di perdita:'
      read (*,*) tgd
      write (*,*) 'valore acquisito:', tgd
      write (*,*)
      write (*,*) 'Resistenza termica del dielettrico:'
      read (*,*) Rth
      write (*,*) 'valore acquisito:', Rth
c     fase di calcolo
      Ptot=2*pi*f*C*tgd*sommat
      Ths=Ptot*Rth
      write (*,*)
      write (*,*)
      write (*,*) '                    PRESENTAZIONE RISULTATI'
      write (*,*)
      write (*,*) 'La potenza complessivamente dissipata nel dielettrico
     + e'' pari a [W]:', Ptot
      write (*,*)
      write (*,*) 'La temperatura del punto piu'' caldo del dielettrico
     +e'' pari a [C]:', Ths
c     parametri che verranno trasferiti alla subroutine "vita utile"
      temperatura=Ths
      componente=2
      return
      end
c
c
30000 subroutine condens2 (temperatura, componente)
c
c     SUBROUTINE PER IL CALCOLO DELLA TEMPERATURA DEL PUNTO CALDO
DEI
c     CONDENSATORI CON IL MODELLO [C.1] DELLA PARAGRAFO 3.1
c
      real temperatura
      integer componente
      real sommat
      real pi, f
      parameter (pi=3.1415927)
      parameter (f=50)
      real Te, eps, tgd, rhoth, Rc, d, Ths
      external armoniche
      write (*,*)
      write (*,*)
      write (*,*)'M O D E L L O   1   D E I   C O N D E N S A T O R
     + I   [ C . 1 ]'
      write (*,*)
      write (*,*) 'IL MODELLO SI RIFERISCE AD UN CONDENSATORE
CILINDRICO
     + OMOGENEO AD ELETTRODI PIANI, CIRCOLARI E TRA LORO PARALLELI'
      call armoniche (sommat)
c     le prossime due righe si possono pure eliminare, perchè sono solo
c     di controllo
c     write (*,*) 'Il valore della sommatoria e'':'
c     write (*,*) sommat
      write (*,*)
      write (*,*) 'Inserire i dati di seguito richiesti, con le unita''d
     +i misura indicate entro le parentesi quadre:'
      write (*,*)
```

```fortran
      write (*,*) 'Temperatura esterna [C]:'
      read (*,*) Te
      write (*,*) 'valore acquisito:', Te
      write (*,*)
      write (*,*) 'Permittivita'' del dielettrico [F/m]:'
      read (*,*) eps
      write (*,*) 'valore acquisito:', eps
      write (*,*)
      write (*,*) 'Fattore di perdita:'
      read (*,*) tgd
      write (*,*) 'valore acquisito:', tgd
      write (*,*)
      write (*,*) 'Resistivita'' termica del dielettrico [Cm/W]:'
      read (*,*) rhoth
      write (*,*) 'valore acquisito:', rhoth
      write (*,*)
      write (*,*) 'Raggio esterno del condensatore cilindrico [m]:'
      read (*,*) Rc
      write (*,*) 'valore acquisito:', Rc
      write (*,*)
      write (*,*) 'Spessore del dielettrico [m]:'
      read (*,*) d
      write (*,*) 'valore acquisito:', d
c     fase di calcolo
      Ths=Te+2*pi*f*eps*tgd*rhoth*((Rc**2)/4)*(1/d**2)*sommat
      write (*,*)
      write (*,*)
      write (*,*) '             PRESENTAZIONE RISULTATI'
      write (*,*)
      write (*,*) 'La temperatura del punto piu'' caldo del condensatore
     + e'' pari a [C]:', Ths
c     paremetri che verranno trasferiti alla subroutine "vita utile"
      temperatura=Ths
      componente=2
      return
      end
c
c
40000 subroutine motori (temperatura, componente)
c
c     SUBROUTINE PER IL CALCOLO DELLA TEMPERATURA DEL PUNTO CALDO
DEI
c     MOTORI ASINCRONI (il modello è esposto nel capitolo 4)
c
      real temperatura
      integer hmax, componente
40100 parameter (hmax=19)
      integer h
      real V
      dimension V (hmax)
      real pi
      parameter (pi=3.1415927)
      real mM
      parameter (mM=2)
      real Rb0, Lb0, hc, s1, rho, xi, KLr, KRr, Xbr, Rbr
      real Reqh, Reqs, Z2, p, Ra, z1, xi1, Xeqs
      real Pjoulesup, Pjoulesin, Req1, Zeq1, Pjouletot
      real P1nucleo, Ptotnucleo, sommatoria, Ptot
      real Rth, Ths
      real tetastat, tetaamb, T1, T2
      write (*,*)
      write (*,*)
      write (*,*) '   M O D E L L O   D E I   M O T O R I   A S I N
     + C R O N I'
      write (*,*)
      write (*,*) 'CI SI RIFERISCE AD UN MOTORE ASINCRONO TRIFASE'
      write (*,*)
      write (*,*) '             ACQUISIZIONE DATI'
      write (*,*)
```

```
      write (*,*) 'Il massimo ordine di armonica che viene qui considera
     +to e'' hmax=',hmax
      write (*,*) 'Se si desidera considerare un ordine diverso da quest
     +o, bisogna porre hmax=... nella label 40100'
      write (*,*)
      write (*,*) 'Inserire il valore efficace delle armoniche di tensio
     +ne secondo l'' ordine indicato'
          do 40200, h=1,hmax,1
          write (*,*)
          write (*,*) 'Ordine armonico:',h
          write (*,*) 'Valore efficace dell''armonica di tensione [Volt]
     +:'
          read (*,*) V(h)
          write (*,*) 'valore acquisito:', V(h)
40200 continue
      write (*,*)
      write (*,*)
      write (*,*) 'Inserire i dati di seguito richiesti, con le unita''
     +di misura indicate entro le parentesi quadre:'
      write (*,*)
      write (*,*) 'Resistenza di barra rotorica in corrente continua [Oh
     +m]:'
      read (*,*) Rb0
      write (*,*) 'valore acquisito:', Rb0
      write (*,*)
      write (*,*) 'Coefficiente di autoinduzione di dispersione di barra
     + rotorica in corrente continua [H]:'
      read (*,*) Lb0
      write (*,*) 'valore acquisito:', Lb0
      write (*,*)
      write (*,*) 'Altezza di cava rotorica [mm]:'
      read (*,*) hc
      write (*,*) 'valore acquisito:', hc
      write (*,*)
      write (*,*) 'Scorrimento riferito all''armonica fondamentale:'
      read (*,*) s1
      write (*,*) 'valore acquisito:', s1
      write (*,*)
      write (*,*) 'Resistivita'' del rame [Ohm*mm2/m]:'
      read (*,*) rho
      write (*,*) 'valore acquisito:', rho
      write (*,*)
      write (*,*) 'Resistenza di statore alla fondamentale [Ohm]:'
      read (*,*) Reqs
      write (*,*) 'valore acquisito:', Reqs
      write (*,*)
      write (*,*) 'Resistenza dell''anello rotorico [Ohm]:'
      read (*,*) Ra
      write (*,*) 'valore acquisito:', Ra
      write (*,*)
      write (*,*) 'Numero di coppie polari:'
      read (*,*) p
      write (*,*) 'valore acquisito:', p
      write (*,*)
      write (*,*) 'Numero di cave rotoriche:'
      read (*,*) Z2
      write (*,*) 'valore acquisito:', Z2
      write (*,*)
      write (*,*) 'Numero di conduttori per cava di statore:'
      read (*,*) z1
      write (*,*) 'valore acquisito:', z1
      write (*,*)
      write (*,*) 'Fattore di avvolgimento statorico:'
      read (*,*) xi1
      write (*,*) 'valore acquisito:', xi1
      write (*,*)
      write (*,*) 'Reattanza di statore alla fondamentale [Ohm]:'
      read (*,*) Xeqs
      write (*,*) 'valore acquisito:', Xeqs
```

```
      write (*,*)
      write (*,*) 'Resistenza equivalente di macchina per fase alla fond
     +damentale [Ohm]:'
      read (*,*) Req1
      write (*,*) 'valore acquisito:', Req1
      write (*,*)
      write (*,*) 'Impedenza equivalente di macchina per fase alla fonda
     +mentale [Ohm]:'
      read (*,*) Zeq1
      write (*,*) 'valore acquisito:', Zeq1
      write (*,*)
      write (*,*) 'Perdite nel nucleo alla fondamentale [W]:'
      read (*,*) P1nucleo
      write (*,*) 'valore acquisito:', P1nucleo
      write (*,*)
      write (*,*) 'Resistenza termica equivalente:'
      read (*,*) Rth
      write (*,*) 'valore acquisito:', Rth
      write (*,*)
      write (*,*) 'Temperatura ambiente [C]:'
      read (*,*) tetaamb
      write (*,*) 'valore acquisito:', tetaamb
      write (*,*)
      write (*,*) 'Resistenza termica dell''isolamento del conduttore st
     +atorico [C/W]:'
      read (*,*) T1
      write (*,*) 'valore acquisito:', T1
      write (*,*)
      write (*,*) 'Resistenza termica rispetto all''ambiente [C/W]:'
      read (*,*) T2
      write (*,*) 'valore acquisito:', T2
c     calcolo delle perdite Joule alla fondamentale ed alle armoniche
c     superiori
      Pjoulesup=0
      do 40300, h=2,hmax,1
      xi=2*pi*hc*sqrt((s1*50*h)/(100000*rho))
      KLr=(3/(2*xi))*(sinh(2*xi)-sin(2*xi))/(cosh(2*xi)-cos(2*xi))
      KRr=xi*(sinh(2*xi)+sin(2*xi))/(cosh(2*xi)-cos(2*xi))
      Xbr=2*pi*50*h*KLr*Lb0
      Rbr=KRr*Rb0

Reqh=Reqs+((Rbr+((Z2/p)**2)*(1/(2*pi**2))*Ra)*(3/Z2)*(z1*xi1)**2)
      Xeqh=h*Xeqs+Xbr*(3/Z2)*(z1*xi1)**2
      Zeqh=sqrt((Reqh**2)+(Xeqh**2))
      Pjoulesup=Pjoulesup+3*Reqh*(V(h)/Zeqh)**2
40300 continue
      Pjoulesin=3*Req1*(V(1)/Zeq1)**2
      Pjouletot=Pjoulesin+Pjoulesup
c     calcolo delle perdite nel nucleo ferromagnetico (isteresi e corren
c     ti parassite)
      sommatoria=0
         do 40400, h=1,hmax,1
         sommatoria=sommatoria+((V(h)/V(1))**mM)*(1/h*0.6)
40400    continue
      Ptotnucleo=P1nucleo*sommatoria
c     calcolo delle perdite totali (Joule e nucleo, alla fondamentale e
c     alle armoniche superiori)
      Ptot=Pjouletot+Ptotnucleo
c     calcolo della temperatura del punto più caldo con la formula (I.49)
      Ths=Rth*Ptot
c     calcolo della temperatura del conduttore di statore con la formula
c     (I.51)
      tetastat=tetaamb+T1*Pjouletot+T2*(Pjouletot+Ptotnucleo)
c     confronto tra le due stime di temperatura
      if (Ths.gt.tetastat) then
      temperatura=Ths
      else
      temperatura=tetastat
c     alla subroutine "vita utile" verranno trasferiti i valori dei
```

```
c     parametri "temperatura" e "componente"
      componente=3
      end if
      write (*,*)
      write (*,*)
      write (*,*) '                    PRESENTAZIONE RISULTATI'
      write (*,*)
      write (*,*) 'Perdite Joule alla fondamentale nel motore [W]:', Pjo
     +ulesin
      write (*,*)
      write (*,*) 'Perdite Joule alle armoniche superiori nel motore [W]
     +:', Pjoulesup
      write (*,*)
      write (*,*) 'Perdite Joule totali nel motore [W]:', Pjouletot
      write (*,*)
      write (*,*) 'Perdite totali nel nucleo ferromagnetico [W]:', Ptotn
     +ucleo
      write (*,*)
      write (*,*) 'Perdite totali nel motore [W]:', Ptot
      write (*,*)
      write (*,*) 'Temperatura del punto piu'' caldo valutata con la for
     +mula (I.49) [C]:', Ths
      write (*,*) 'Temperatura del conduttore di statore valutata con la
     + formula (I.51) [C]:', tetastat
      write (*,*)
      write (*,*) 'La massima temperatura stimata per il motore risulta
     +pertanto pari a [C]:', temperatura
      return
      end
c
c
50000 subroutine trclass (temperatura, componente)
c
c     SUBROUTINE PER IL CALCOLO DELLA TEMPERATURA DEL PUNTO CALDO
DEI
c     TRASFORMATORI CON IL MODELLO DEL PARAGRAFO 5.1
c
      real temperatura
      integer hmax, componente
50100 parameter (hmax=19)
      integer h
      real V
      dimension V (hmax)
      real I
      dimension I (hmax)
      real J
      parameter (J=3)
      real mT
      parameter (mT=2)
      real Req1, X1, Reqh, Reqnew
      real P1rame, Psuprame, PsupCunew, Ptotrame, PtotCu
      real P1nucleo, Ptotnucleo, somma, Ptot, Ptottr
      real Rth, Ths, Thstr
      write (*,*)
      write (*,*)
      write (*,*) '  M O D E L L O    1    D E I    T R A S F O R M A
     +T O R I   [ T . 1 ]'
      write (*,*)
      write (*,*) 'CI SI RIFERISCE AD UN TRASFORMATORE TRIFASE'
      write (*,*)
      write (*,*) '                    ACQUISIZIONE DATI'
      write (*,*)
      write (*,*) 'Il massimo ordine di armonica che viene qui considera
     +to e'' hmax=',hmax
      write (*,*) 'Se si desidera considerare un ordine diverso da quest
     +o, bisogna porre hmax=... nella label 50100'
      write (*,*)
      write (*,*) 'Inserire il valore efficace delle armoniche di tensio
     +ne secondo l'' ordine indicato'
```

```
       do 50200, h=1,hmax,1
       write (*,*)
       write (*,*) 'Ordine armonico:',h
       write (*,*) 'Valore efficace dell''armonica di tensione [Volt]
     +:'
       read (*,*) V(h)
       write (*,*) 'valore acquisito:', V(h)
50200 continue
     write (*,*)
     write (*,*)
     write (*,*) 'Inserire il valore efficace delle armoniche di corren
     +te secondo I'' ordine indicato'
       do 50300, h=1,hmax,1
       write (*,*)
       write (*,*) 'Ordine armonico:',h
       write (*,*) 'Valore efficace dell''armonica di corrente [A]:'
       read (*,*) I(h)
       write (*,*) 'valore acquisito:', I(h)
50300 continue
     write (*,*)
     write (*,*)
     write (*,*) 'Inserire i dati di seguito richiesti, con le unita''
     +di misura indicate entro le parentesi quadre:'
     write (*,*)
     write (*,*) 'Resistenza equivalente di macchina alla fondamentale
     +[Ohm]:'
     read (*,*) Req1
     write (*,*) 'valore acquisito:', Req1
     write (*,*)
     write (*,*) 'Reattanza equivalente di macchina alla fondamentale [
     +Ohm]:'
     read (*,*) X1
     write (*,*) 'valore acquisito:', X1
     write (*,*)
     write (*,*) 'Perdite nel nucleo alla fondamentale [W]:'
     read (*,*) P1nucleo
     write (*,*) 'valore acquisito:', P1nucleo
     write (*,*)
     write (*,*) 'Resistenza termica:'
     read (*,*) Rth
     write (*,*) 'valore acquisito:', Rth
c    calcolo perdite Joule alla fondamentale
     P1rame=3*Req1*I(1)**2
c    calcolo delle perdite Joule alle armoniche superiori utilizzando
c    per la valutazione della resistenza equivalente alle armoniche la
c    formula (I.55)
     Psuprame=0
     do 50400, h=2,hmax,1
     Reqh=Req1*(0.87+0.13*(h**1.45))
     Psuprame=Psuprame+3*Reqh*I(h)**2
50400 continue
c    calcolo delle perdite Joule alle armoniche superiori utilizzando
c    per la valutazione della resistenza equivalente alle armoniche la
c    formula (I.56)
     PsupCunew=0
     do 50500, h=2,hmax,1
     Reqnew=0.1026*h*X1*(J+h)/(J+1)
     PsupCunew=PsupCunew+3*Reqnew*I(h)**2
50500 continue
c    calcolo delle perdite Joule totali utilizzando la (I.55)
     Ptotrame=P1rame+Psuprame
c    calcolo delle perdite Joule totali utilizzando la (I.56)
     PtotCu=P1rame+PsupCunew
c    calcolo delle perdite nel nucleo (isteresi e correnti parassite,
c    alla fondamentale ed alle armoniche superiori)
     somma=0
     do 50600, h=1,hmax,1
     somma=somma+((V(h)/V(1))**mT)*(1/h**2.6)
50600 continue
```

```
      Ptotnucleo=P1nucleo*somma
c     calcolo delle perdite totali nel trasformatore utilizzando la (I.55)
      Ptot=Ptotrame+Ptotnucleo
c     calcolo delle perdite totali nel trafsormatore utilizzando la (I.56)
      Ptottr=PtotCu+Ptotnucleo
c     calcolo della temperatura del punto caldo utilizzando la (I.55)
      Ths=Rth*Ptot
c     calcolo della temperatura del punto caldo utilizzando la (I.56)
      Thstr=Rth*Ptottr
c     confronto tra le due stime di temperatura
      if (Ths.gt.Thstr) then
      temperatura=Ths
      else
      temperatura=Thstr
      end if
c     alla subroutine "vita utlie" verranno trasferiti i valori dei
c     dei parametri "temperatura" e "componente"
      componente=4
      write (*,*)
      write (*,*)
      write (*,*) '                    PRESENTAZIONE RISULTATI'
      write (*,*)
      write (*,*) 'Perdite Joule alla fondamentale nel trasformatore [W]
     +:', P1rame
      write (*,*)
      write (*,*) 'Perdite Joule alle armoniche superiori nel trasformat
     +ore utilizzando la (I.55) [W]:', Psuprame
      write (*,*) 'Perdite Joule alle armoniche superiori nel trasformat
     +ore utilizzando la (I.56) [W]:', PsupCunew
      write (*,*)
      write (*,*) 'Perdite Joule totali nel trasformatore utilizzando la
     + (I.55) [W]:', Ptotrame
      write (*,*) 'Perdite Joule totali nel trasformatore utilizzando la
     + (I.56) [W]:', PtotCu
      write (*,*)
      write (*,*) 'Perdite totali nel nucleo ferromagnetico del trasform
     +atore [W]:', Ptotnucleo
      write (*,*)
      write (*,*) 'Perdite totali nel trasformatore utilizzando la (I.55
     +) [W]:', Ptot
      write (*,*) 'Perdite totali nel trasformatore utilizzando la (I.56
     +) [W]:', Ptottr
      write (*,*)
      write (*,*) 'Temperatura del punto caldo utilizzando la (I.55) [C]
     +:', Ths
      write (*,*) 'Temperatura del punto caldo utilizzando la (I.56) [C]
     +:', Thstr
      write (*,*)
      write (*,*) 'La massima stima della temperatura del punto caldo de
     +l trasformatore e'' percio'' pari a [C]:', temperatura
      return
      end
c
c
60000 subroutine trIEEE (temperatura, componente)
c
c     SUBROUTINE PER IL CALCOLO DELLA TEMPERATURA DEL PUNTO CALDO
DEI
c     TRASFORMATORI CON IL MODELLO DEL PARAGRAFO 5.4
c
      integer hmax, componente
60100 parameter (hmax=19)
      integer h
      real I
      dimension I (hmax)
      real k
      parameter (k=1.5)
      real trasf
      real sommanum1, sommaden, sommanum2, FHL, FHLSTR, PLL, P, PEC
```

```
      real POSL, PLLR, PNL, DTto, DTtoR, PTSLR, IinR, IoutR
      real Rin, Rout, PECR, POSLR, PECRin, PECRout, MPECRin, MPECRout
      real DTgin, DTgout, DTginR, DTgoutR, Ta, temperatura
      write (*,*)
      write (*,*)
      write (*,*)'  M O D E L L O   4   D E I   T R A S F O R M A
     +T O R I   [ T . 4 ]'
      write (*,*)
      write (*,*) 'CI SI RIFERISCE AD UN TRASFORMATORE TRIFASE'
      write (*,*)
      write (*,*) '                  ACQUISIZIONE DATI'
      write (*,*)
      write (*,*) 'Il massimo ordine di armonica che viene qui considera
     +to e'' hmax=',hmax
      write (*,*) 'Se si desidera considerare un ordine diverso da quest
     +o, bisogna porre hmax=... nella label 60100'
      write (*,*)
      write (*,*) 'Inserire il valore efficace delle armoniche di corren
     +te secondo l'' ordine indicato'
      do 60200, h=1,hmax,1
      write (*,*)
      write (*,*) 'Ordine armonico:',h
      write (*,*) 'Valore efficace dell''armonica di corrente [A]:'
      read (*,*) I(h)
      write (*,*) 'valore acquisito:', I(h)
60200 continue
      write (*,*)
      write (*,*)
60250 write (*,*) 'Il rapporto di trasformazione e'':'
      write (*,*) '1    inferiore o uguale a 4:1'
      write (*,*) '2    superiore a 4:1'
      read (*,*) trasf
      if (trasf.lt.1) then
      write (*,*) 'Indicazione non valida. Ripetere.'
      goto 60250
      else if (trasf.gt.2) then
      write (*,*) 'Indicazione non valida. Ripetere.'
      goto 60250
      end if
      write (*,*)
      write (*,*)
      write (*,*) 'Inserire i dati di seguito richiesti, con le unita''
     +di misura indicate entro le parentesi quadre:'
      write (*,*)
      write (*,*) 'Perdite Joule in continua totali in condizioni nomina
     +li [W]:'
      read (*,*) P
      write (*,*) 'valore acquisito:', P
      write (*,*)
      write (*,*) 'Perdite sotto carico in condizioni nominali [W]:'
      read (*,*) PLLR
      write (*,*) 'valore acquisito:', PLLR
      write (*,*)
      write (*,*) 'Perdite a vuoto [W]:'
      read (*,*) PNL
      write (*,*) 'valore acquisito:', PNL
      write (*,*)
      write (*,*) 'Corrente nominale dell''avvolgimento interno (di soli
     +to di bassa tensione) [A]:'
      read (*,*) IinR
      write (*,*) 'valore acquisito:', IinR
      write (*,*)
      write (*,*) 'Corrente nominale dell''avvolgimento esterno (di soli
     +to di alta tensione) [A]:'
      read (*,*) IoutR
      write (*,*) 'valore acquisito:', IoutR
      write (*,*)
      write (*,*) 'Resistenza in continua dell''avvolgimento interno (ba
     +ssa tensione) [Ohm]:'
```

```
      read (*,*) Rin
      write (*,*) 'valore acquisito:', Rin
      write (*,*)
      write (*,*) 'Resistenza in continua dell''avvolgimento esterno (al
     +ta tensione) [Ohm]:'
      read (*,*) Rout
      write (*,*) 'valore acquisito:', Rout
      write (*,*)
      write (*,*) 'Temperatura ambiente [C]:'
      read (*,*) Ta
      write (*,*) 'valore acquisito:', Ta
      write (*,*)
      write (*,*) 'Sovratemperatura dell''olio rispetto alla temperatura
     + ambiente in condizioni nominali [C]:'
      read (*,*) DTtoR
      write (*,*) 'valore acquisito:', DTtoR
      write (*,*)
      write (*,*) 'Sovratemperatura del punto caldo dell''avvolgimento i
     +nterno (bt) rispetto alla sovratemperatura dell''olio in condizion
     +i nominali [C]:'
      read (*,*) DTginR
      write (*,*) 'valore acquisito:', DTginR
      write (*,*)
      write (*,*) 'Sovratemperatura del punto caldo dell''avvolgimento e
     +sterno (AT) rispetto alla sovratemperatura dell''olio in condizion
     +i nominali [C]:'
      read (*,*) DTgoutR
      write (*,*) 'valore acquisito:', DTgoutR
      write (*,*)
      write (*,*) 'Perdite per "eddy current" nelle condizioni di eserci
     +zio [W]:'
      read (*,*) PEC
      write (*,*) 'valore acquisito:', PEC
      write (*,*)
      write (*,*) 'Perdite per "other stray losses" in condizioni di ese
     +rcizio [W]:'
      read (*,*) POSL
      write (*,*) 'valore acquisito:', POSL
c     calcolo dei valori comuni ad entrambi gli avvolgimenti
c     calcolo sommatoria (I(h)**2)*(h**2)
      sommanum1=0
          do 60300, h=1,hmax,1
          sommanum1=sommanum1+(I(h)**2)*(h**2)
60300     continue
c     calcolo sommatoria (I(h)**2)
      sommaden=0
          do 60400, h=1,hmax,1
          sommaden=sommaden+(I(h)**2)
60400     continue
c     calcolo sommatoria (I(h)**2)*(h**0.8)
      sommanum2=0
          do 60500, h=1,hmax,1
          sommanum2=sommanum2+(I(h)**2)*(h**0.8)
60500     continue
c     calcolo delle grandezze comuni ad entrambi gli avvolgimenti:
c     FHL, FHLSTR, PLL, DTto, PTSLR, PECR, POSLR
      FHL=sommanum1/sommaden
      FHLSTR=sommanum2/sommaden
      PLL=P+FHL*PEC+FHLSTR*POSL
      DTto=DTtoR*(((PLL+PNL)/(PLLR+PNL))**0.8)
      PTSLR=PLLR-k*((IinR**2)*Rin+(IoutR**2)*Rout)
      PECR=0.33*PTSLR
      POSLR=0.67*PTSLR
c     suddivisione delle perdite per "eddy current" in condizioni
c     nominali ("rated") tra gli avvolgimenti
      if (trasf.eq.1) then
      PECRin=0.6*PECR
      PECRout=0.4*PECR
      else if (trasf.eq.2) then
```

```
      PECRin=0.7*PECR
      PECRout=0.3*PECR
      end if
c     calcolo della massima densità di perdita di tipo "eddy current"
c     nei due avvolgimenti
      if (trasf.eq.1) then
      MPECRin=2.4*PECRin/(k*(IinR**2)*Rin)
      MPECRout=2.4*PECRout/(k*(IoutR**2)*Rout)
      else if (trasf.eq.2) then
      MPECRin=2.8*PECRin/(k*(IinR**2)*Rin)
      MPECRout=2.8*PECRout/(k*(IoutR**2)*Rout)
      end if
c     calcolo della sovratemperatura (rispetto alla sovratemperatura dello
c     olio rispetto all temperatura ambiente) del punto caldo di ciascun
c     avvolgimento
      if (trasf.eq.1) then
      DTgin=DTginR*((1+2.4*FHL*MPECRin)/(1+2.4*MPECRin))**0.8
      DTgout=DTgoutR*((1+2.4*FHL*MPECRout)/(1+2.4*MPECRout))**0.8
      else if (trasf.eq.2) then
      DTgin=DTginR*((1+2.8*FHL*MPECRin)/(1+2.8*MPECRin))**0.8
      DTgout=DTgoutR*((1+2.8*FHL*MPECRout)/(1+2.8*MPECRout))**0.8
      end if
c     calcolo della temperatura del punti caldo per ciascuno dei due
c     avvolgimenti
      Tgin=Ta+DTgin+DTto
      Tgout=Ta+DTgout+DTto
c     confronto tra le temperature dei due avvolgimenti
      if (Tgin.gt.Tgout) then
      temperatura=Tgin
      else
      temperatura=Tgout
      end if
c     alla subroutine "vita utile" verranno trasferiti i valori dei
c     parametri "temperatura" e "componente"
      componente=4
      write (*,*)
      write (*,*)
      write (*,*) '                   PRESENTAZIONE RISULTATI'
      write (*,*)
      write (*,*) 'Sovratemperatura dell''olio rispetto alla temperatura
     + ambiente [C]:', DTto
      write (*,*)
      write (*,*) 'Sovratemperatura del punto caldo dell''avvolgimento i
     +nterno (bt) rispetto alla sovratemperatura dell''olio [C]:', DTgin
      write (*,*) 'Sovratemperatura del punto caldo dell''avvolgimento e
     +sterno (AT) rispetto alla sovratemeprautra dell''olio [C]:', DTgou
     +t
      write (*,*)
      write (*,*) 'Temperatura del punto caldo dell''avvolgimento intern
     +o (bt) [C]:', Tgin
      write (*,*) 'Temperatura del punto caldo dell''avvolgimento estern
     +o (AT) [C]:', Tgout
      write (*,*)
      write (*,*) 'La temperatura del punto piu'' caldo degli avvolgimen
     +ti del trasformatore e'' pertanto pari a [C]:', temperatura
      return
      end
c
c
70000 subroutine vitautile (temperatura, componente)
c
c         SUBROUTINE PER IL CALCOLO DELLA PERDITA DI VITA DEL
COMPONENTE
c     CONSIDERANDO SIA LO STRESS TERMICO CHE QUELLO ELETTRICO
c     (il modello è esposto nel paragrafo 8.2)
c
      real temperatura, teta
      real L, L0, Kp, np, B, teta0, Ls, tetan, t, DRL
      integer componente
```

```
      write (*,*)
      write (*,*)
      write (*,*) '            C A L C O L O   D E L L A   V I T
     + A   U T I L E'
      write (*,*)
      write (*,*) 'Il valore di temperatura sulla base del quale si calc
     +olera'' la vita utile del  componente e'' pari a [C]:', temperatur
     +a
      teta=temperatura+273.15
      write (*,*) 'Su scala assoluta tale valore corrisponde a [K]:', te
     +ta
      write (*,*)
      write (*,*)
      write (*,*) 'Inserire i dati di seguito richiesti, con le unita''
     +di misura indicate entro le parentesi quadre:'
      write (*,*)
      write (*,*) 'Durata del periodo di esercizio considerato [h]:'
      read  (*,*) t
      write (*,*) 'valore acquisito:', t
      write (*,*)
      write (*,*) 'Valore del fattore di picco:'
      read (*,*) Kp
      write (*,*) 'valore acquisito:', Kp
      write (*,*)
      write (*,*) 'Coefficiente np:'
      read (*,*) np
      write (*,*) 'valore acquisito:', np
      write (*,*)
      write (*,*) 'Valore coefficiente B [K]:'
      read (*,*) B
      write (*,*) 'valore acquisito:', B
c     individuazione tipo di componente
      if (componente.le.2) then
      goto 70100
      else
      goto 70200
      end if
c     calcolo vita utile per i cavi ed i condensatori
70100 write (*,*)
      write (*,*) 'Durata di vita utile dell''isolante in condizioni di
     +alimentazione sinusoidale nominale e di temperatura di riferimento
     + [h]:'
      read (*,*) L0
      write (*,*) 'valore acquisito:', L0
      write (*,*)
      write (*,*) 'Valore di temperatura di riferimento (di solito e'' i
     +l valore di temperatura ambiente) su scala Kelvin [K]:'
      read (*,*) teta0
      write (*,*) 'valore acquisito:', teta0
      L=L0*(Kp**(-np))*exp(-B*(1/teta0-1/teta))
      goto 70300
c     calcolo vita utile per i motori ed i trasformatori
70200 write (*,*)
      write (*,*) 'Durata di vita utile dell''isolante in condizioni di
     +alimentazione sinusoidale nominale e di temperatura di riferimento
     + [h]'
      read (*,*) L0
      write (*,*) 'valore acquisito:', L0
      write (*,*)
      write (*,*) 'Valore di temperatura di riferimento (di solito e'' i
     +l valore di temperatura ambiente) su scala Kelvin [K]:'
      read (*,*) teta0
      write (*,*) 'valore acquisito:', teta0
      write (*,*)
      write (*,*) 'Temperatura assoluta di esercizio in condizioni sinus
     +oidali nominali [K]:'
      read (*,*) tetan
      write (*,*) 'valore acquisito:', tetan
c     calcolo della durata di vita utile dell'isolante in condizioni di
```

```
c      alimentazione sinusoidale nominale e di temperatura di riferimento
       Ls=L0*exp(-B*(1/teta0-1/tetan))
c      calcolo della vita utile dell'isolante in condizioni di esercizio
c      in presenza di distorsione
       L=Ls*(Kp**(-np))*exp(-B*(1/tetan-1/teta))
       goto 70300
c      calcolo riduzione di vita
70300 DRL=t/L
       write (*,*)
       write (*,*)
       write (*,*) '                    PRESENTAZIONE RISULTATI'
       write (*,*)
       write (*,*) 'La riduzione frazionaria di vita utile del componente
      + nel periodo di esercizio considerato e'' pari a:', DRL
       write (*,*)
       return
       end
c
c
80000 subroutine armoniche (sommat)
c
c       SUBROUTINE PER L'ACQUISIZIONE DEI VALORI EFFICACI DELLE
ARMONICHE DI
c      TENSIONE DI ALIMENTAZIONE SUL COMPONENTE IN ESAME E PER IL
CALCOLO
c      DELLA SOMMATORIA SU h  DI h*(Vh)^2
c
       integer hmax
80100 parameter (hmax=19)
       integer h
       real V
       dimension V (hmax)
       real sommat
       write (*,*)
       write (*,*) '                    ACQUISIZIONE DATI'
       write (*,*)
       write (*,*) 'Il massimo ordine di armonica che viene qui considera
      +to e'' hmax=',hmax
       write (*,*) 'Se si desidera considerare un ordine diverso da quest
      +o, bisogna porre hmax=... nella label 80100'
       write (*,*)
       write (*,*) 'Inserire il valore efficace delle armoniche di tensio
      +ne secondo l'' ordine indicato'
       do 80200, h=1,hmax,1
       write (*,*)
       write (*,*) 'Ordine armonico:',h
       write (*,*) 'Valore efficace dell''armonica di tensione [Volt]
      +:'
       read (*,*) V(h)
       write (*,*) 'valore acquisito:', V(h)
80200     continue
c      calcolo della sommatoria
       sommat=0
       do 80300, h=1,hmax,1
       sommat=sommat+h*V(h)**2
80300     continue
c      le prossime due righe si possono pure eliminare, perchè sono solo
c      di controllo
c      write (*,*) 'Il valore della sommatoria e'':'
c      write (*,*) sommat
       return
       end
c
c
90000 subroutine sovratemperatura (DELTA, Destar, tau, T1, T2, T3)
c
c       SUBROUTINE PER IL CALCOLO DELLA SOVRATEMPERATURA DELLA
SUPERFICIE
c      DEL CAVO RISPETTO ALL'AMBIENTE ESTERNO
```

```
c
      real pi
      parameter (pi=3.1415927)
c     nmax indica il massimo numero di iterazioni che si vogliono
c     effettuare, quindi per cambiare tale numero basta modificarlo
c     nella label 90050
      integer nmax
90050 parameter (nmax=1000)
      real prova
      dimension prova (nmax)
      real DELTA, Destar, tau, T1, T2, T3, KA, Dteta
      write (*,*)
      write (*,*) 'Sovratemperatura rispetto all''ambiente ammessa per i
     +l conduttore [C]:'
      read (*,*) Dteta
      write (*,*) 'valore acquisito:', Dteta
c     procedimento iterativo
      prova(0)=2
         do 90100, n=1,nmax,1
         KA=pi*Destar*tau*((T1/n)+T2+T3)
         prova(n)=(Dteta/(1+KA*prova(n-1)))
         scarto=prova(n)-prova(n-1)
         if (scarto.le.0.001) then
         goto 90200
         end if
90100    continue
      write (*,*) 'ATTENZIONE: la subroutine per il calcolo della sovrat
     +emperatura della superficie del cavo rispetto all''ambiente estern
     +o NON converge!'
      stop
90200 DELTA=prova(n)
      return
      end
```

Appunti ed osservazioni

16

SOFTWARE PER IL CALCOLO DELL'INIEZIONE DI CORRENTI ARMONICHE SULLA RETE DI ALIMENTAZIONE DA PARTE DI UN CONVERTITORE TRIFASE

Il programma di calcolo riportato nelle pagine seguenti consente la valutazione delle correnti armoniche iniettate sulla rete di alimentazione da parte di un convertitore trifase a sei pulsazioni ("six-pulse converter"), esprimendo tali correnti sia sotto forma di valore efficace e fase che sotto forma di parte reale e parte immaginaria.

Questo software, sviluppato in linguaggio FORTRAN, è basato sull'applicazione del modello matematico dei convertitori precedentemente presentato e prende in considerazione le armoniche di corrente fino all'ordine 19.

Esso è assolutamente indipendente da altre unità di programma, come ad esempio files di dati, in quanto prevede che l'immissione delle informazioni necessarie al fine dell'esecuzione dei calcoli venga effettuata direttamente dall'utente per mezzo della tastiera del computer. L'inserimento dei dati viene sollecitato e guidato dall'elaboratore stesso, nel senso che il tipo di informazione richiesta e l'unità di misura nella quale essa deve essere espressa vengono indicate sullo schermo.

In particolare, i dati che l'utente deve fornire all'elaboratore sono i seguenti:

➢ il valore efficace della tensione stellata sulla rete di alimentazione in alternata, espresso in Volt;

➢ il valore della resistenza lato continua del convertitore, espresso in Ohm;

➢ il valore iniziale, il valore finale e lo "step" dell'angolo di ritardo all'accensione dei tiristori, espressi in radianti.

Naturalmente il programma permette anche di considerare un unico valore dell'angolo di ritardo all'accensione dei tiristori ed a tal fine occorre che l'utente immetta il valore desiderato sia come valore iniziale che come valore finale dell'angolo di accensione dei tiristori.

Il software in questione è stato denominato "convert.for" ed il suo listato è riportato a partire dalla pagina seguente.

```
c      PROGRAMMA PER LA SIMULAZIONE DEL COMPORTAMENTO DI UN
CONVERTITORE
c      TRIFASE A SEI PULSAZIONI DAL PUNTO DI VISTA DELLA SUA
INIEZIONE DI
c      CORRENTI ARMONICHE SULLA RETE DI ALIMENTAZIONE (Modello
Pierrat)
c
c    Il programma consente di conoscere le correnti armoniche iniettate
c    in rete dal convertitore sia sotto forma di valore efficace e fase
c    che sotto forma di parte reale e parte immaginaria
c
c    Vengono considerate le armoniche fino all'ordine 19
c
1      program convert
       parameter (pi=3.1415927)
       real E, Rd, a, alfa, alfain, alfafin, alfastep
       real I1, I5, I7, I11, I13, I17, I19
       real fi1, fi5, fi7, fi11, fi13, fi17, fi19
       real Ire1, Ire5, Ire7, Ire11, Ire13, Ire17, Ire19
       real Iim1, Iim5, Iim7, Iim11, Iim13, Iim17, Iim19
c    Attribuzione valori dati di ingresso
       write (*,*) 'PROGRAMMA PER LA SIMULAZIONE DEL COMPORTAMENTO
DEI
      +CONVERTITORI SECONDO IL   MODELLO DI L. PIERRAT'
       write (*,*)
       write (*,*)
c    E è il valore efficace della tensione simmetrica stellata della rete
c    di alimentazione in alternata [V]
       write (*,*) 'Inserire il valore efficace della tensione simmetrica
      + STELLATA della rete di  alimentazione in alternata [V]:'
       read (*,*) E
       write (*,*) 'valore acquisito:', E
       write (*,*)
c    Rd è il valore della resistenza lato continua del convertitore [Ohm]
       write (*,*) 'Inserire il valore della resistenza lato continua del
      + convertitore [Ohm]:'
       read (*,*) Rd
       write (*,*) 'valore acquisito:', Rd
       write (*,*)
c    Calcolo parametro formale a
       a=18*(2**(0.5))*E/(Rd*(pi**2))
c    Scelta dell'intervallo di variazione dell'angolo di accensione dei
c    tiristori (alfa [radianti])
10     write (*,*) 'Inserire il valore iniziale dell''angolo di accension
      +e dei tiristori [radianti]:'
       read (*,*) alfain
       write (*,*) 'valore acquisito:', alfain
       write (*,*)
       write (*,*) 'Inserire il valore finale dell''angolo di accensione
      +dei tiristori [radianti]:'
       read (*,*) alfafin
       write (*,*) 'valore acquisito:', alfafin
       write (*,*)
       if (alfafin.lt.alfain) then
       write (*,*) 'ERRORE NELL''IMMISSIONE. RIPETERE.'
       goto 10
       else if (alfafin.eq.alfain) then
       alfastep=1
       goto 20
       else
15     write (*,*) 'Inserire il valore dell''incremento da dare all''ango
      +lo di accensione dei tiristori [radianti]:'
       read (*,*) alfastep
       write (*,*) 'valore acquisito:', alfastep
       write (*,*)
       if (alfastep.gt.(alfafin-alfain)) then
       write (*,*) 'ERRORE NELL''IMMISSIONE. RIPETERE.'
       goto 15
```

```
      end if
      end if
c     Loop per il calcolo delle armoniche di corrente al variare dello
c     angolo di accensione dei tiristori (alfa [radianti])
20    do 100, alfa=alfain, alfafin, alfastep
c     Calcolo ampiezza armoniche di corrente [A]
      I1=(a*cos(alfa))
      I5=(a*cos(alfa))/5
      I7=(a*cos(alfa))/7
      I11=(a*cos(alfa))/11
      I13=(a*cos(alfa))/13
      I17=(a*cos(alfa))/17
      I19=(a*cos(alfa))/19
c     Calcolo valore efficace armoniche di corrente [A]
      I1eff=I1/sqrt(2)
      I5eff=I1/sqrt(2)
      I7eff=I7/sqrt(2)
      I11eff=I11/sqrt(2)
      I13eff=I13/sqrt(2)
      I17eff=I17/sqrt(2)
      I19eff=I19/sqrt(2)
c     Calcolo angolo di fase armoniche di corrente [radianti]
      fi1=-alfa
      fi5=-5*alfa+pi
      fi7=-7*alfa+pi
      fi11=-11*alfa
      fi13=-13*alfa
      fi17=-17*alfa+pi
      fi19=-19*alfa+pi
c     Calcolo parte reale della corrente armonica [A]
      Ire1=I1*cos(fi1)
      Ire5=I5*cos(fi5)
      Ire7=I7*cos(fi7)
      Ire11=I11*cos(fi11)
      Ire13=I13*cos(fi13)
      Ire17=I17*cos(fi17)
      Ire19=I19*cos(fi19)
c     Calcolo parte immaginaria della corrente armonica [A]
      Iim1=I1*sin(fi1)
      Iim5=I5*sin(fi5)
      Iim7=I7*sin(fi7)
      Iim11=I11*sin(fi11)
      Iim13=I13*sin(fi13)
      Iim17=i17*sin(fi17)
      Iim19=I19*sin(fi19)
c     Presentazione dei risultati
      write (*,*) 'ANGOLO DI ACCENSIONE DEI TIRISTORI [radianti]:', alfa
      write (*,*)
      write (*,*) 'Armonica 1: valore efficace corrente [A]:', I1eff
      write (*,*) 'Armonica 1: fase corrente [radianti]:', fi1
      write (*,*) 'Armonica 1: parte reale corrente [A]:', Ire1
      write (*,*) 'Armonica 1: parte immaginaria corrente [A]:', Iim1
      write (*,*)
      write (*,*) 'Armonica 5: valore efficace corrente [A]:', I5eff
      write (*,*) 'Armonica 5: fase corrente [radianti]:', fi5
      write (*,*) 'Armonica 5: parte reale corrente [A]:', Ire5
      write (*,*) 'Armonica 5: parte immaginaria corrente [A]:', Iim5
      write (*,*)
      write (*,*) 'Armonica 7: valore efficace corrente [A]:', I7eff
      write (*,*) 'Armonica 7: fase corrente [radianti]:', fi7
      write (*,*) 'Armonica 7: parte reale corrente [A]:', Ire7
      write (*,*) 'Armonica 7: parte immaginaria corrente [A]:', Iim7
      write (*,*)
      pause 'PREMERE ''INVIO'' PER CONTINUARE'
      write (*,*) 'Armonica 11: valore efficace corrente [A]:', I11eff
      write (*,*) 'Armonica 11: fase corrente [radianti]:', fi11
      write (*,*) 'Armonica 11: parte reale corrente [A]:', Ire11
      write (*,*) 'Armonica 11: parte immaginaria corrente [A]:', Iim11
      write (*,*)
```

```
      write (*,*) 'Armonica 13: valore efficace corrente [A]:', I13eff
      write (*,*) 'Armonica 13: fase corrente [radianti]:', fi13
      write (*,*) 'Armonica 13: parte reale corrente [A]:', Ire13
      write (*,*) 'Armonica 13: parte immaginaria corrente [A]:', Iim13
      write (*,*)
      write (*,*) 'Armonica 17: valore efficace corrente [A]:', I17eff
      write (*,*) 'Armonica 17: fase corrente [radianti]:', fi17
      write (*,*) 'Armonica 17: parte reale corrente [A]:', Ire17
      write (*,*) 'Armonica 17: parte immaginaria corrente [A]:', Iim17
      write (*,*)
      write (*,*) 'Armonica 19: valore efficace corrente [A]:', I19eff
      write (*,*) 'Armonica 19: fase corrente [radianti]:', fi19
      write (*,*) 'Armonica 19: parte reale corrente [A]:', Ire19
      write (*,*) 'Armonica 19: parte immaginaria corrente [A]:', Iim19
      write (*,*)
      pause 'PREMERE ''INVIO'' PER CONTINUARE'
100   continue
      end
```

Appunti ed osservazioni

BIBLIOGRAFIA

[1] Probabilistic Evaluation of the Economical Damage due to Harmonic Losses in Industrial Energy Systems
P. Caramia, G. Carpinelli, E. Di Vito, A. Losi, P. Verde
IEEE Transactions on Power Delivery, vol. 11, no. 2, April 1996, pp. 1021-1031

[2] A Simplified Method for the Probabilistic Evaluation of the Economical Damage due to Harmonic Losses
P. Caramia, G. Carpinelli, A. Losi, A. Russo, P. Verde
8th International Conference on Harmonics and Quality of Power ICHQP '98, Athens, Greece, October 14-16, 1998, pp. 767-776

[3] An approach to Life Estimation of Electrical Plant Components in the Presence of Harmonic Distortion
P. Caramia, G. Carpinelli, P. Verde, G. Mazzanti, A. Cavallini, G. C. Montanari

[4] Dimensionamento dei cavi di media e bassa tensione in regime permanente non sinusoidale
A. La Vitola
Tesi di Laurea in Ingegneria Elettrica, Università di Cassino

[5] The Effect of Nonsinusoidal Supply on Life Performance of Electrical Insulating Systems
A. Cavallini, G. Mazzanti, G. C. Montanari

[6] The Effect of Harmonic Randomness upon Temperature Rise of Electrical Equipment
A. E. Emanuel
Third International Conference on Harmonics in Power Systems, Sept. 1988, Nashvile, Indiana (USA), pp. 257-262

[7] Valutazione degli effetti dell'inquinamento armonico con un approccio probabilistico
E. Di Vito
Tesi di Laurea in Ingegneria Elettrica, Università di Cassino, pp. 32-41, 1994

[8] Aging of Electrical Appliances due to Harmonics of the Power System's Voltage
E. F. Fuchs, D. J. Roesler, K. P. Kovacs
IEEE Transactions on Power Delivery, vol. PWRD-1, no. 3, July 1986, pp.301-307

[9] Sensitivity of Electrical Appliances to Harmonics and Fractional Harmonics of the Power System's Voltage. Part I: Transformers and Induction Machines
E. F. Fuchs, D. J. Roesler, F. S. Alashhab
IEEE Transactions on Power Delivery, vol. PWRD-2, no. 2, April 1987, pp. 437-444

[10] Modeling of Impedance vs. Frequency in Harmonics Analysis Programs
P. E. Sutherland
IEEE Industry Applications Society Annual Meeting, New Orleans, Louisiana (USA), October 5-9, 1997, pp. 2243-2247

[11] Le armoniche nelle reti elettriche di distribuzione e l'alimentazione degli impianti a fune
Atti del Convegno "", Trento, 7-8 Maggio 1992, pp. 63-80

[12] Power Transformers Life Expectancy under Distorting Power Electronic Loads
L. Pierrat, M. José Resende, J. Santana
IEEE, 1996

[13] Practical Validation for the Frequency Domain Approach to Study the Thermal Behavior of Transformers under Nonsinusoidal Operation Conditions
A. C. Delaiba, J. C. de Oliveira, J. R. Cardoso, P. F. Ribeiro
8th International Conference on Harmonics and Quality of Power ICHQP '98, Athens, Greece, October 14-16, 1998, pp. 946-951

[14]   Temperature Rise of Small Oil-Filled Distribution Transformers Supplying Nonsinusoidal Load Currents
A. W. Galli, M. D. Cox
IEEE Transactions on Power Delivery, vol. 11, no. 1, January 1996, pp. 283-291

[15]   I.E.E.E. Recommended Practice for Establishing Transformer Capability when Supplying Nonsinusoidal Load Currents
I.E.E.E. Standard C57.110-1998

[16]   Summation of Harmonic Currents Produced by AC/DC Static Power Converters with Randomly Fluctuating Loads
Y. J. Wang, L. Pierrat, L. Wang
IEEE Transactions on Power Delivery, vol. 9, no. 2, April 1994, pp. 1129-1135

[17]   Calcolo del valore atteso della vita dei componenti di un sistema elettrico industriale
V. Di Vito
Tesi di Laurea in Ingegneria Elettrica, Facoltà di Ingegneria, Università degli studi di Cassino, 2001

Questa pagina è stata lasciata intenzionalmente bianca

LINKS UTILI

AEI, Associazione Elettrotecnica Italiana
www.aei.it

CEI, Comitato Elettrotecnico Italiano
www.ceiuni.it

IEEE, Institute of Electrical and Electronics Engineers
www.ieee.org

LPQI, Leonardo Power Quality Initiative
www.lpqi.org

Politecnico di Bari, Dipartimento di Ingegneria Elettrotecnica
ed Elettronica
www-dee.poliba.it

Politecnico di Milano, Dipartimento di Elettrotecnica
www.etec.polimi.it

Politecnico di Torino, Dipartimento di Ingegneria Elettrica
www.polito.it/ricerca/dipartimenti/delet

Università di Bologna, Dipartimento di Ingegneria Elettrica
www.die.unibo.it

Università di Cagliari, Dipartimento di Ingegneria Elettrica
ed Elettronica
www.diee.unica.it

Università di Cassino, Dipartimento di Ingegneria Industriale
dii.ing.unicas.it

Università di Catania, Dipartimento di Ingegneria Elettrica,
Elettronica e dei Sistemi
www.dees.unict.it

Università "Federico II" di Napoli, Dipartimento di Ingegneria Elettrica
www.diel.unina.it

Università di Genova, Dipartimento di Ingegneria Elettrica
www.die.unige.it

Università de L'Aquila, Dipartimento di Ingegneria Elettrica e dell'Informazione
www.diel.univaq.it

Università "La Sapienza" di Roma, Dipartimento di Ingegneria Elettrica
elettrica.ing.uniroma1.it

Università di Padova, Dipartimento di Ingegneria Elettrica
www.die.unipd.it

Università di Palermo, Dipartimento di Ingegneria Elettrica, Elettronica e delle Telecomunicazioni
www.dieet.unipa.it

Università di Pavia, Dipartimento di Ingegneria Elettrica
www.unipv.it/electric/dipartimento.html

Università di Salerno, Dipartimento di Ingegneria dell'Informazione ed Elettrica
www.diiie.unisa.it

Università di Udine, Dipartimento di Ingegneria Elettrica, Gestionale e Meccanica
www.diegm.uniud.it

INDICE ANALITICO

www.ingramcontent.com/pod-product-compliance
Lightning Source LLC
Chambersburg PA
CBHW032013170526
45157CB00002B/675